上海市大数据社会应用研究会
上海交通大学智慧法院研究院　编

中国大数据社会应用评论

第一辑

杨　力　高奇琦　主编

上海交通大学出版社
SHANGHAI JIAO TONG UNIVERSITY PRESS

内容提要

　　大数据促使人类认知方式在自上而下的概念驱动和自下而上的数据驱动灵活转换,从理论体系、小数据验证逐步趋向"全量分析";思维方式灵活穿梭于问题驱动、数据驱动、场景驱动;行为方式从单一性结果空间扩散到邻近思域,进而引发各社会应用科学的研究范式变革。为全面展现学者们对此的深度思辨和创新性成果,本书重点聚焦公共卫生的数字化转型、智慧城市的法治路径、宏观经济发展需求下的数据治理、算法中的伦理之治等前沿热点问题。

图书在版编目(CIP)数据

　　中国大数据社会应用评论. 第一辑 / 杨力,高奇琦主编. —上海: 上海交通大学出版社,2023.5
　　ISBN 978-7-313-25322-4

　　I.①中… II.①杨…②高… III.①数据处理–研究–中国 IV.①TP274

　　中国版本图书馆CIP数据核字(2021)第165793号

第一辑得到2018国家重点研发计划项目"全流程管控的精细化执行技术及装备研究"的出版资助。

中国大数据社会应用评论　第一辑
ZHONGGUO DASHUJU SHEHUI YINGYONG PINGLUN　DI-YI JI

主　　编:	杨　力　高奇琦			
出版发行:	上海交通大学出版社	地　　址:	上海市番禺路951号
邮政编码:	200030	电　　话:	021-64071208
印　　制:	上海万卷印刷股份有限公司	经　　销:	全国新华书店
开　　本:	889mm×1194mm　1/16	印　　张:	9.75
字　　数:	243千字			
版　　次:	2023年5月第1版	印　　次:	2023年5月第1次印刷
书　　号:	ISBN 978-7-313-25322-4			
定　　价:	68.00元			

版权所有　侵权必究
告读者: 如发现本书有印装质量问题请与印刷厂质量科联系
联系电话: 021-56928178

上海市大数据社会应用研究会主办
上海交通大学大数据联合创新实验室承办

目录

专 题

会议综述

大数据与公共卫生问题研究

区块链赋能大城市公共卫生安全突发事件应急管理：方案设计与社会治理启示*

齐佳音　刘　峰**

摘要： 区块链是数字世界的世界观和方法论，通过算法代码来解决信任与价值的可靠传递。大城市公共卫生安全突发事件应急管理中可信数据、可信信息的及时共享与利用至关重要。尽管区块链与公共卫生安全突发事件应急管理看似完美匹配，但只有打通了数字世界与现实世界的双向通道，区块链赋能社会治理才能成为现实。在此思想下，本文以区块链技术为核心，结合大城市公共卫生安全突发事件应急管理的场景，设计了一套可信数据共享与应用服务的区块链社会化医疗与信息服务平台。该研究对如何将区块链应用于大城市的社会治理具有参考价值。

关键词： 区块链；突发事件应急管理；社会治理；公共卫生安全

一、导　语

人民安全是国家安全的基石。党的十八大以来，党中央明确了新时代党的卫生健康工作方针，把为群众提供安全、有效、方便、价廉的公共卫生和基本医疗服务作为基本职责，成功防范和应对了甲型H1N1流感、H7N9、埃博拉出血热等突发疫情。其中，围绕大城市公共卫生安全突发事件应急管理，建立强大的公共卫生体系和健全预警响应机制，已成为国家治理体系和治理能力现代化的十分迫切和重要问题。其中，区块链技术如何赋能在整合碎片化数据形成精准的分类、有序的诊疗体系，借助于公开透明和不可篡改的特性构筑"信任堡垒"，进一步实现公共卫生数据的规模化、精准化、体系化场景深度应用，引起了各方高度关注，本研究拟对这些问题加以探讨。

区块链是数字世界的世界观和方法论。区块链技术通过分布式、自组织、以共识算法和智能合约为基础，开创了无须第三方担保的信任机制，使可信信息和数据在网络空间中得以高效共享与利用。对于大城市公共卫生危机突发事件而言，高效可信的信息、数据共享是通过信息流来优化人流、物流、资金流的基础，能够极大地提升应急管理的效率。同时，基于区块链可信应急管理数据，是建立公众

* 基金项目：国家社科基金重大项目"面向国家公共安全的互联网信息行为及治理研究"（项目编号：16ZDA055）
** 作者简介：齐佳音，广州大学网络空间安全学院；刘峰，华东师范大学计算机学院。

对政府公共卫生应急管理信任的重要基础设施。其中政府公信力对降低社会无序、打赢重大公共卫生重大突发事件硬仗,具有不可替代的作用。

区块链是一台创造信任的机器。区块链技术以极低成本解决了信任与价值的可靠传递难题,具备防伪、防篡改的特性。用区块链技术可以构建更加共享开放、公开透明并可核查追溯的可信数据系统,从根本上解决了在虚拟数字世界中进行价值交换与转移之时存在的欺诈和寻租现象。但是,当现实物理世界与虚拟数字世界发生映射关联时,如果要将数字虚拟世界与现实物理世界打通,我们就会发现技术极客们所提出的解决现实世界的区块链方案变成了"看起来很美"的"理想模型"。

与其将区块链技术从技术极客的视角来追求,倒不如从区块链技术中抽取更多数字经济时代社会治理的创新思路,将区块链技术和更多其他技术、社会治理机制创新整体协同起来,才可能构造一种技术赋能-管理创新、刚性-弹性相济、政府-市场-公民良好互动的大城市公共卫生安全管理体系。

二、可信数据、可信信息定义及在突发公共卫生安全事件作用

(一)数据、信息、可信数据、可信信息定义

数据(data):是事实或者观察结果的一种符号的具体表现,可以是数字、文字、信号、图像、声音等。[1]

信息(information):广义指客观事物存在、运动和变化的方式、特征、规律及其表现形式;狭义指用来消除随机不确定性的东西。[2]

可信数据(trusted data):能够证明其真实性、完整性、可靠性和可用性的数据,均可认为是可信数据。[3]

可信信息(trusted information):能够证明其真实性、完整性、可靠性和可用性的信息,就是可信信息。

(二)可信数据、可信信息在突发公共卫生安全事件中的作用

可信数据与可信信息对于公共卫生突发事件科学应对具有基础性保障作用。

第一,突发性公共卫生安全事件中,病人与病人之间是关联事件,导致短时间内救治需求指数级增长,对常态情况下的公共医疗资源造成巨大的压力;同时,由于病人与病人之间的关联,病人轻重各不相同使得分散、分级、排序、优化救治尤为重要。生命优先,控制重点传染源优先,防止疫情大幅蔓延优先,只有依靠可信数据才能实现最大限度的科学应对。

在突发性公共卫生事件里,如果公众都要聚集到医院等待诊断,容易造成大量的资源错配和由此带来的生命悲剧。由于常规性病例患者与传染性病毒患者长期排队同处一室,会加大交叉感染风险,导致更多的人在分诊中被感染。

---

[1] 参见叶继元、陈铭、谢欢等.数据与信息之间逻辑关系的探讨——兼及DIKW概念链模式.中国图书馆学报,2017,3.

[2] 参见叶继元.信息概念规范表述刍议——评《图书馆情报与文献学名词》对"信息"的界定[J].高校图书馆,2019,1.

[3] 参见孙嘉睿、安小米、吴国娇等.可信数据概念构建及其实现路径——基于文献研究与ISO文件管理国际标准的协同应用.数字图书馆论坛,2018,7.

突发性公共安全重大事件属于非常规突发事件,不能采用常规的医疗流程来处置。在这种状况下,如果通过网络的方式,将可信的公共医疗服务延伸到每一位社会公众的手机终端上,就可以通过可信信息服务的方式,在分散的公众端高效率实现分散风险、咨询问诊、病患分级、救治排序、资源优化,最大限度减少公众聚集到医院所带来的风险聚集、感染加剧和资源错配。

与此同时,在非常规状态下的公共卫生安全重大突发事件中,短期内有限的医疗资源与大量病人需求之间的矛盾非常突出,而且疫情传播速度远大于当地医疗资源的增加速度。因此,不仅要对病患按病情严重程度优化救治,对医疗资源也必须全局调度,实现医疗资源的分级安排。重要优质的医疗资源必须向危重倾斜,并迅速建立二级、三级甚至四级、五级的医疗资源分级,才能实现资源的最优调动、发挥最大效益。医疗资源包括但不限于各类型的专业医生和医护人员、医院、病床、医疗设备、急救设施、防护设施、服务设施、空间设施、相关生产制造企业以及其他各类支撑资源。这些资源既包括原有的机构储备,也包括国家库存、国家紧急调拨、个人和企业捐助,甚至全球采买和捐赠的资源。

此外,还有一类特殊的医疗资源,就是医疗科研机构和国内外专家。这些资源对及时发现重大危急事件、组织攻关溯源、全球寻找解决方案、制定科学合理有效的防治政策,都会起到至关重要的作用。基于可信信息与数据将这些资源有效团结、协同作战,突发应对将事半功倍。

第二,突发性公共卫生安全事件的病源不清、病理复杂,没有现成的医治方案,边实践、边总结、边完善是突出特点,因而救治过程中可信数据的高效共享是不断优化医治方案的重要基础。

突发性公共安全重大事件中,病原体确认对于治疗方案设计至关重要。由于病原体确认是一个逐步明晰的过程,导致治疗方案的设计也是一个逐步调整过程。目前,人类正逐步能够在公共安全重大事件出现不久较快确认病原体,这是一个巨大科技进步工。即使已经在前期治疗经验数据科学分析的基础上多次调整更新诊疗方案,往往仍不能确认最佳方案,但充分体现了可信数据在疫情防治决策中的基础性重要作用。

第三,公共卫生安全突发事件属于高社会关注度的事件,大城市公共卫生安全突发事件很容易引起公众恐慌,哄抢疫情防控期间已经十分紧缺的医疗资源,导致社会资源的极大浪费和低效配置。因此,基于区块链的社会化医疗与信息管理平台通过可信信息与数据服务,可以迅速打击谣言,降低公众恐慌,促进公众理性、科学防护与参与。

2010年以后,随着微博、微信等社交媒体的普及,由官方主流媒体单一发布信息的方式被打破,更多的社会公众越来越多地通过社交媒体来获得资讯。随着手机等移动化信息终端的广泛应用,普通公众随时随地发布、获取、评论、转发信息已经成为日常行为。社交媒体上关于公共卫生突发事件良莠不齐的信息,很容易引起公众的恐慌心理,导致社会公众哄抢已经稀缺的医疗保障资源,进一步加剧医疗防护物资的高度短缺状态,导致医护人员得不到充分的防护保障,在高感染环境下工作。如果社会公众可以便捷获得可信的社会化医疗与可信信息服务,就可以大幅度缓解恐慌心理,促进理性认知,从而更加积极、科学合理做好自我防护,配合参与政府的事件应对处置。

三、区块链赋能突发性公共安全卫生安全事件应对原理

原理1:利用区块链的去中介特性,高效对接服务需求方与服务供给方

常规化的公共医疗服务中,咨询、挂号等前导性服务对于对接供需资源是十分重要的;但在非常

突发事件的应急管理中,不周全、精准的前导性服务可能反而成为了影响效率的瓶颈因素。常规化的医疗中患者到达医院开始治疗过程十分正常;但在非常规突发应急状态下,通过区块链协同分散的全国性医疗资源,完成去中介的、分布式、前期诊断对于应对疫情十分重要。

原理2:利用区块链不可篡改属性,通过网络完成公众网络挂号和医疗分诊

建立基于区块链的互联网挂号平台,所有的发热、咳嗽、怀疑肺炎病人,均可以在该平台上注册。患者登录平台的前端网页输入手机号即可注册成为用户,平台会给用户生成一串哈希值作为"地址",地址的生成可以在保护用户隐私的条件下用于身份识别。平台为信息录入提供了"主观病情描述"和"医院电子病历"两种模式。主观病情描述是为没有初诊记录但自认为是疑似病例的患者提供咨询和求助服务的。医院电子病历是为已经有过就诊经历,得到过医师的初步诊断,但还有疑问的患者寻求更多帮助的。患者提交的病例会通过隐含语义分析、命名实体标注、疾病相似度分类等自然语言处理技术进行疾病分类和轻重缓急的初步判别。对于平台难以分级的病患再分配给认证过的专业医生进行人工判断。平台还能够通过申报者所在的"区域""行为轨迹""关系人"的情况进行综合判断,更加有效识别其所处的状态和风险等级。

由于是非常规突发应急状态,因此公众必须要对自己上传平台的信息真实性承担法律责任。在这种情况下,区块链技术的应用就显得十分必要,平台也必须通过多维数据分析,尽量判断其上传信息的可信度。用户也可以通过该系统,了解自己所处环境的安全等级,从而直接采取比较恰当的安全防范措施。

人工智能医生可以针对所有用户进行数据的初步分析和判断,快速建立高风险用户的初步筛选,并对识别出来的聚集类高风险事件交由政府部门迅速采取严格管控措施。

原理3:利用区块链智能合约机制,通过算法完成专业医生资源优化与病情分级

各医院发热门诊现场优先接受体温超过38℃的病人,以及在网络上已经预约好的到现场检查的病人。全国的相关领域的医生都可以在线帮助病人,通过智能分配算法,医生可以被动态分配到负责的片区。病人可以在网络挂号,上传自身位置,根据医生指导,定期上传自己的体温、咳嗽等基本情况。医生根据病人情况,指导病人采取各种自我处置措施,并根据情况预约到指定医院进一步检查和治疗。情况严重的病人,由指定医院派人上门收治。此外,还可以实现信息和相关社区同步,由社区人员配合对重点病患密切接触人员进行医疗监护。所有病人在互联网登记的,必须在指定时间内得到响应。病人的医疗档案上链,方便其他医生接手继续诊治,也方便大数据分析来优化治疗方案。

在这一过程中,还可以利用区块链技术来确保医疗档案和救治过程的数据共享、全程不可篡改和可追溯,为总结经验,提高治疗效果积累可信数据。

四、区块链赋能社会治理的现实困境

尽管近期来各界对于区块链赋能公共服务寄予厚望,但区块链在应用于现实社会治理时仍然面临现实困境。

(一)区块链与传统管理机制的矛盾与适应性困境

其一,信息化第一步是业务流程再造。信息化是业务流程的固化。区块链的智能合约是将信息化与业务流程之间的逻辑关系上升到一个全新高度:一旦满足交易条件,交易自动发生,即交易是完

全刚性的,不存在反悔可能。但在现实世界中的业务或者交易由于人的因素,经常会有多种意外以及例外情况,需要取消已经完成的交易,或者需要有更加多样化的方式,这种情况下区块链过于刚性的智能合约方式就难以应对富有弹性的现实应用。

其二,由于现实世界还难以被完全数字化,区块链溯源的最大难题出现在了"数据源头造假",即区块链并不能保证上链数据本身是否真实。以食品信息溯源为例,区块链可以记录食品的流通数据,却不能解决生产原料造假的问题。如果上链数据本身造假,"上链"的信用认证反而会造成更大危害。

其三,区块链底层技术安全性尚未得到有效解决,会直接影响到区块链技术的产业应用。底层代码的安全性、密码算法的安全性、共识机制的安全性、智能合约的安全性等存在尚未攻克的核心技术,难以保证区块链技术产业应用中的安全性。

（二）区块链监管机制尚未形成

现阶段监管成为制约中国区块链产业健康和可持续发展的关键问题,研究区块链的安全监管技术、监管标准迫在眉睫。公有链最大优点是账户匿名,用户账户地址自行生成,不需要提供个人信息;账户是分散,用户可以无限生成地址;信息是分散的,难以追踪;IP地址也是一样,用户可以通过匿名网络连接到区块链IP地址。所以,当监管碰到一个无法实时发现、无法定位嫌疑人,同时又无法清除的信息,就会给监管带来很大困难。

由于私有链影响有限,公有链监管存在难点,中国应重点发展联盟链,通过联盟链的准入体系、智能合约加入监管的规则、能全面提升监管的自动化水平、联盟区块链支持穿透式监管、容易标准化监管的接口等特点,实现政府的集中式有效监管。

（三）区块链纠纷解决机制不成熟

现实世界和区块链分布在两端,前者高度中心化,后者极力逃避中心化;前者强调可控性,后者看重自由度;前者社会规范严明,后者规则双方约定;前者法律法规、仲裁机构、判决系统完善,后者依靠算法、代码、智能合约刚性执行等。区块链应用如果要在现实社会治理中发挥作用,就必然要求从两端向中间靠拢,构建一种"折中"是推动当下区块链社会治理应用的破冰点。

区块链思想下的社会治理与现实社会中的社会治理需要双向打通,不仅仅是通过区块链来协助完成现实社会中的信任创建问题,更需要通过现实社会中的纠纷解决机构来为区块链世界的秩序维护提供保障。当前,绝大数的区块链应用中的技术派就是不断推动区块技术方案,来实现"去中介"的信任构建,但如果打通现实世界中的特定纠纷解决体系不能进入区块链,区块链应用的技术方案将很难在大范围得到可持续发展。

以可信数据为例,可信数据涉及数据的准确性、真实性、可获得性、合规性、保密性、完整性、可靠性、安全性以及透明性等。对可信数据的要求,有些是通过技术层面来实现的,如准确性、真实性、可获得性等,但有些是需要法律法规、治理方式以及纠纷解决体系实现,如合规性、保密性、可靠性等。因此,尽管区块链是建立信任的机器,但区块链技术并不能全部解决数据可信的问题,数据可信更需要有配套的管理机制。

在没有探索出现比较成熟实与区块链融通互鉴的新型社会治理模式之前,区块链及其与现实世界的衔接一旦出现争议,其裁断就成为问题。正如Furlonger和Uzureau所言,"尽管进行了全球都在进行广泛的区块链实验,但区块链仍然是年轻和持续进化的,如今的实验通常只使用区块链的一些核心元素,而拒绝使用其他核心元素。为什么有些核心元素被拒绝呢? 就是因为这些被拒绝的元素是目前在现实世界的制度规范体系中难以有效监管、仲裁和执行仲裁。"[1]

（四）区块链的多领域协同能力有待提高

区块链与其说是技术创新,更加是一种思想创新。区块链的分布式自治组织（DAO）将机器精确代码与人的思想意志结合起来,为数字经济时代社会治理提供了新的思路。世界各国政府都在推进从"管理"到"治理"的改革,治理不是一套规章条例或一种活动,而是一个过程,它提供了一种全民参与社会治理的模式。通过区块链,政府可以塑造一种"服务—共治"的新型关系:公民可以从相互约束和集体管理开始,改善政府的运行方式。例如,每个人或组织将拥有存储在加密账本中的基本信息及相关数据,公民可以通过公钥选择性地与代理机构分享信息,参与共识投票,或是向政府授权使用公钥和私钥阅读或更改其个人账本的内容。基于这样的逻辑,社区居民不再是被服务、等服务,而是服务的积极参与者,某些情形下甚至是服务的提供者。

区块链所提倡的分布式治理思想可以提供一种新的思路。可控性与分布式充分协同是未来大城市公共卫生安全管理机制设计方向。

五、区块链社会化医疗与信息服务平台的技术方案设计

综合区块链技术的优势以及区块链技术赋能社会治理的现实困境,本研究设计了一种均衡"分布式与可控性""高效率与高可信""社会化与整体性"的区块链医疗与信息服务平台。

（一）平台系统整体解决方案

社会化区块链医疗与信息服务平台建设目的是为了打造一个基础公共卫生服务平台,能够对紧急状态如战争、天灾、瘟疫之时提供紧急信息化服务。社会化医疗与信息管理的一体化平台整体系统设计分为六个系统,如图1所示:

1. 医患信用信息系统

此系统是为平台系统利用区块链信用账户和智能合约技术来进行数据记录,最终建立一个以算法信用为基础的医患信用信息系统。该系统建设的目的一方面是为每个体系内的医生和病患建立一个突破医院自身屏障的共享信息账户,另一方面也是为后续解决医患纠纷,建立全国性黑名单机制奠定坚实基础。在应急状态该信用信息系统会显得尤为重要,破坏自身的信用信息势必会受到信息和资源分配权的削减。因此,每个公民会对诊疗过程中的行为举止及相关就诊信息更加谨慎,后续就不会出现公众性事件。这些事件往往都是医生或者执法系统问询之时,患者隐瞒信息导致。因此,医患信用信息系统在应急时期的重要性不言而喻。

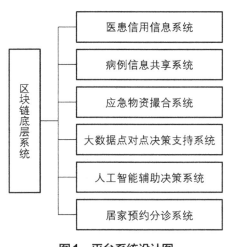

图1 平台系统设计图

1 See Furlonger D, Uzureau C. The 5 Kinds of Blockchain Projects (and Which to Watch Out For)[EB/OL]. Harvard Business Review（2019）, https://hbr.org/2019/10/the-5-kinds-of-blockchain-projects-and-which-to-watch-out-for?autocomplete=true.

2. 病例信息共享系统

主要目的是为了让医生能够便利地调用患者在多家医院的诊疗信息,方便利于医生在患者问诊前进行病患的疾病初步判断。病例信息系统的构建通过对不同医院的数据存档进行人工智能的自然语言及特征工程处理,如对不同医院、不同类型的疾病描述内容进行语义识别和分词处理,形成结构化的病情数据。通过特征工程等方式在结构化的病情描述中过滤冗余信息,尽可能留下能带来信息增益的有用信息进行病例信息再造,实现大部分病例数据能够标准化,其余不能标准化的信息可以在实际诊疗过程中予以重建或优化。最终能够提供给医生一个病例就诊历史图谱,更高效确认过往病史对本次疾病的关联影响。

3. 应急物资撮合系统

此系统设计的目的是为了解决资源错配甚至资源负配的问题。系统主要是从应急物资供需双方的信息流和物流角度切入,通过需求方在平台上预发布资源需求,如本次新冠病毒肺炎疫情下口罩和护目镜的短缺,然后作为第三方的政府授权已审核机构如红十字会进行需求撮合之前的初审。在初审审批通过后,供求方即政府协调的资源提供方或捐赠方能够直接拿到需求订单进行资源调配,同时还能协同这个过程中所涉及的信息流、物流和金融服务的资金流。需求方接收到物资后,在系统上提交物资收取信息,此次资源撮合完成。这一过程减少了中介方在物流信息的二次流转,杜绝了传统资源调配流程中可能出现的资金、信息的误记和丢失等情况。

4. 大数据点对点决策支持系统

本系统设计的目的在于将资源优势地区的医疗就诊方案进行集成,通过大数据训练后得到一些持续优化的诊疗方案,在区块链底层系统进行价值赋予,通过智能合约建立奖励使用的激励机制。[1]一方面,在资源欠缺医院的医生可以通过平台,学习使用相对先进医院的诊疗方案;另一方面,对于贡献出有价值诊疗方案的医生,也可以在其他人借鉴同时能享受到物质和精神方面的激励。平台通过这个方式最终实现一个价值闭环,解决优势医疗资源不对等问题。

5. 人工智能辅助决策系统

本系统设计目的在于辅助医生本人在应急状态下进行类似病例重复诊断时,通过人工智能算法进行持续数据分析,如患者生理指标数据、影像数据等,协助提高医生的诊断效率。

6. 居家预约分诊系统

本系统设计目的主要在于解决患者和医院信息不对称问题。通过建立居家预约分诊系统,实现服务前移,避免患者在不确定情况下去医院问诊途中感染疾病,同时也能避免消耗不必要精力,提升患者医疗服务满意度。此外平台也支持分级诊疗,通过居家在线问诊后进行分诊处理。

(二)平台系统业务流设计

平台系统的核心业务设计如图2所示:

平台业务架构主要围绕患者就诊过程展开,目的是应急状态下提高医生诊疗效率。因此,平台充分利用大数据和人工智能技术和方法来提高诊断效率和准确度。同时,通过区块链构建一个点对点的经验互通平台,通过激励机制来实现持续优化的闭环。

1　参见刘峰.区块链热与企业机遇.企业管理,2018,6.

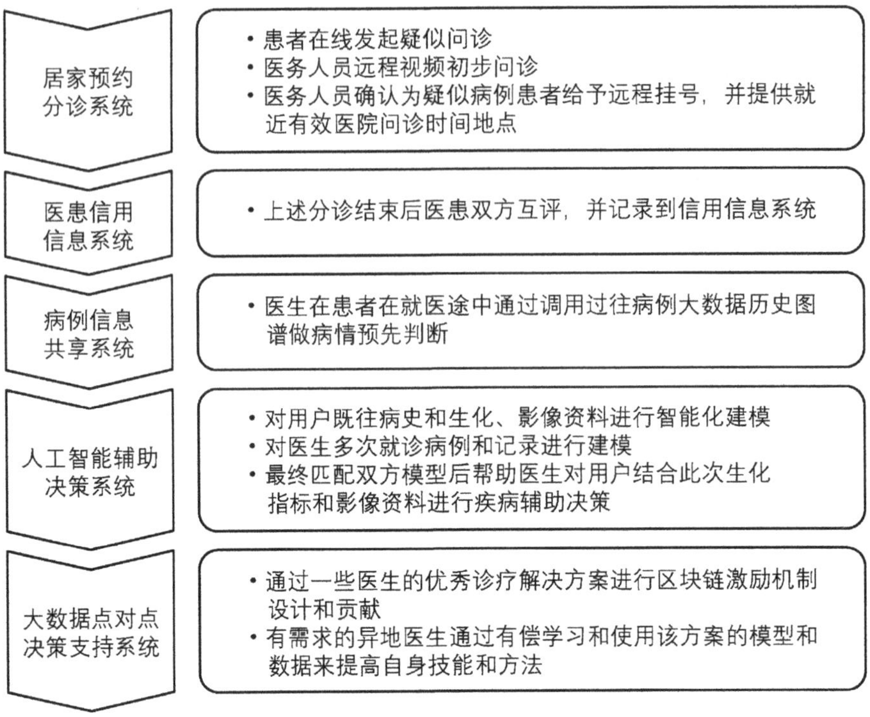

居家预约分诊系统
- 患者在线发起疑似问诊
- 医务人员远程视频初步问诊
- 医务人员确认为疑似病例患者给予远程挂号，并提供就近有效医院问诊时间地点

医患信用信息系统
- 上述分诊结束后医患双方互评，并记录到信用信息系统

病例信息共享系统
- 医生在患者在就医途中通过调用过往病例大数据历史图谱做病情预先判断

人工智能辅助决策系统
- 对用户既往病史和生化、影像资料进行智能化建模
- 对医生多次就诊病例和记录进行建模
- 最终匹配双方模型后帮助医生对用户结合此次生化指标和影像资料进行疾病辅助决策

大数据点对点决策支持系统
- 通过一些医生的优秀诊疗解决方案进行区块链激励机制设计和贡献
- 有需求的异地医生通过有偿学习和使用该方案的模型和数据来提高自身技能和方法

图2　平台系统核心业务流设计

本平台对于应急物资进行了信息化、智能化调度，避免各种原因的信息错配，应急物资撮合业务的核心业务流程设计见下图3所示。

平台用户在需求发起时需要在指定机构进行审核，目的为了避免失误或者人为的无序发起需求。在尽可能少的审核流程之后进入供求双方确认的需求订单，之后立即进行撮合业务处理。目标是通过信息流带动物流、资金流的有序操作，减少了接收方在应急状态下繁杂的接收流程。通过区块链实现撮合双方的流程进展，并联动信用信息系统，通过区块链智能合约来实现事中流程监督，并通过提供不可篡改的信息流、资金流、物流的数据留痕，实现对全平台资源撮合全流程的事后审计处理。

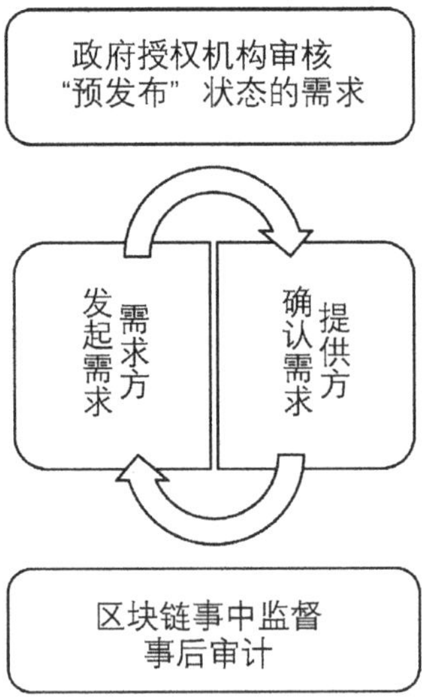

政府授权机构审核"预发布"状态的需求

发起需求　需求方　确认需求　提供方

区块链事中监督事后审计

图3　应急物资撮合系统的核心业务流设计图

（三）区块链底层设计

平台的区块链底层设计兼顾具有激励机制的有积分区块链和物资信息追溯和撮合的无积分区块链设计，具体设计见图4。

考虑到很多外界机构或组织已经建立了区块链应用，因此必须能够支持跨链应用。平台支持跨链的联通架构设计见图5。

通过对上述多个系统及体系架构的设计，最大限度地利用多种技术手段，发挥技术大融合的最大潜力。无论是区块链、人工智能还是大数据，能为平台的技术架构设计和平台系统做出贡献。

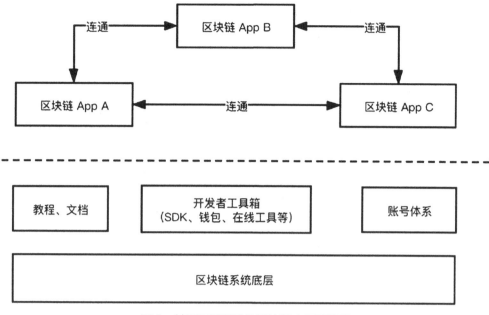

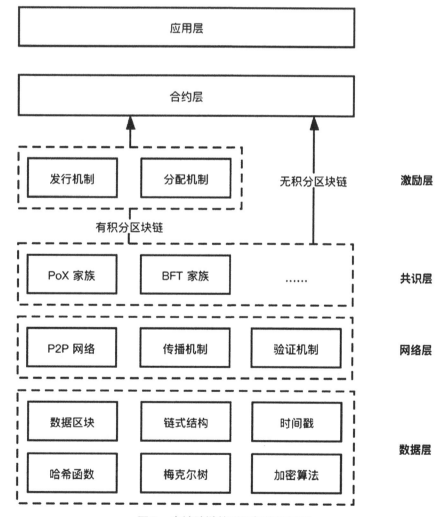

图4 基于双链设计的区块链底层设计图

图5 支持跨链的联通架构设计图

六、区块链社会化医疗与信息服务平台的可实施性分析

为了保证本研究提出的区块链社会化医疗与信息服务平台在现实中的可实施性,系统在设计中从以下四个方面保障该平台中区块链技术应用与现实社会治理的对接。

(一)异构组织与个人形成应急状态下社会治理的共识

作为社会治理尤其是应急状态下的平台,其目的是尽可能覆盖更多的机构和参与者,使其能够享受到平台提供的服务,最终应是一个综合体。因此,对于这些参与者本质上具有很强的群体包容性。由于区块链本质上是由共识来约束的一个群体自治组织,其自身具有去中介的特性,换一个角度而言,可以理解为是所有参与者都可以是中介,这个也是节点的由来。所有的个体都在把自己的可信信息在这个平台的所有节点中进行传输、记录、追溯确认和交易,并同时通过区块链智能合约来保全行为踪迹,最终实现"人人即中介",实现了主体意义上的对等,该对等性最终演化为共识的形成。因此,需要对有意加入这个平台的组织或个人进行相关的教育和协议确认。

(二)多种关键技术的互相补充与融合

由于区块链账本自身的可信数据全拷贝在平台系统中,因此需要融合更多技术解决容量和性能问题。一方面,主要核心业务仍然需要依赖传统的高吞吐量、高可靠分布式系统,开展高频可信的信息交互业务,如物资供需的撮合系统、居家预约分诊系统等。同时,也要融合大数据、人工智能结合帮助医生提高诊断效率。

这些系统会将大量的可信数据留痕到区块链底层系统,同时区块链底层系统也会在相关业务系统如病例信息共享系统和医患信用信息系统中,通过设立共享的激励机制与智能合约,执管平台内部的信用体系,助力其核心业务的顺利执行。

(三)区块链参与方信息共享的激励机制与隐私安全

如何激励外界机构提供信息共享的本质,还需要一个比较合理的激励机制与相对安全的可信数据隐私保障。对于激励机制,要考虑到数据提供方自身数据的价值量化,同时还要保证对于数据提供方能够持续对数据保有的最终控制权。对于隐私保障则要通过多种技术如人工智能技术、大数据技术对元数据(meta data)进行技术处理,防止信息在意外情况下造成机构服务的用户信息大规模泄漏。

同时,为了保障从多机构共享汇集到平台的可信数据是无利益冲突的,平台应该由政府主导进行建设。另外,考虑到有较多的隐私数据,平台构建的区块链技术选型应为联盟链。

(四)可信信息的自主可控与区块链不可篡改特性的平衡设计

在大数据和人工智能两个技术的保障下,基于可信数据的异常数据检测模型能够保障大部分数据真实和准确性。但是,区块链数据的不可篡改特性与特定情况下人为输入操作失误或者数据修改的需求之间的矛盾,需要进行权衡。一方面,在设计方案之初,需要在业务层面分类可变数据与不可变数据,便于数据最终存储到区块链还是数据库;另一方面,区块链的数据仍然存在修正需求,需要有可以变更区块记录指向的智能合约,实现在有保留数据变更的区块链痕迹同时,也能够将系统的业务数据进行修正,完成数据修正的需求。

七、余 论

大城市公共卫生安全问题涉及大城市社会治理模式创新。数字化技术应当在这场社会治理创新

中发挥基础性支撑作用。尽管数字技术能够很大限度上提高效率疫情防控的效率，但从长期来看，公共卫生安全管理体系改革才是最为根本的保障。

本研究提出的区块链社会化医疗与信息服务平台，在应急状态下可以为非常规突发公共安全事件的防控服务；在常态情况下也可以用作常规性的社会化医疗咨询平台，促进常态情况下的医疗供需优化及线上、线下的服务高效融合，并从技术上为解决全国医疗资源分布不均、高端医疗资源稀缺、大医院和社区医院的医疗服务不能进行有效衔接等难题，提供一个有效解决途径。

公共卫生安全突发事件是大城市管理者头上悬着的一把剑，如果没有建立起立体、多元、有活力公共卫生安全常态化社会治理机制，单靠技术是难以根本性解决问题。只有当社会治理体系与数字化技术相得益彰时，大城市公共卫生安全的基础设施才能得以健全。

区块链技术在突发公共卫生事件治理中的应用与思考

李 晶*

摘要： 具有信任机制的区块链技术开启了"链上治理"。区块链技术在新冠肺炎疫情防控中的政府治理、公益慈善及社区治理等领域的应用成果，表明其在突发公共卫生事件治理中可有更为广阔的应用前景。区块链技术贯通"社区治理—企业治理—政府治理"应是其应用方向，可信身份认证为基础应用。在具体的应用建议中要以利用联盟链技术搭建国家统一应急管理平台为总体思路，具体包括：运用智能合约技术及时预警；将公开、可信技术应用于舆情引导与监管；技术应用要均衡信息公开与隐私保护；在应急管理联盟链平台进一步探索数字孪生应用。

关键词： 区块链；突发公共卫生事件；智能合约；联盟链；数据治理

2020年，国家卫生健康委员会发布1号公告，将新型冠状病毒感染的肺炎（以下简称新冠肺炎）认定为《传染病防治法》规定的乙类传染病，采用甲类传染病的防控措施。在新冠肺炎疫情防控中，人工智能、云计算、大数据等先进技术发挥了重要作用。而以分布式存储、不可篡改、可追溯性和匿名性等为特点的区块链技术可以在突发公共卫生事件监测、行程监控、舆情监管、物资分配、隐私保护等方面发挥更多技术优势，是可以经受检验而能够发挥作用的新技术。但无可辩驳的是，区块链技术在此次抗疫初期略显应用不足。不过，正如区块链研究人员所言："迟到并不意味着无所作为。区块链正在迅速响应。"[1] 一方面，区块链在突发公共卫生事件治理中的应用已经开始彰显优势；另外一方面，新型肺炎疫情治理过程中暴露出来的薄弱环节愈加增强人们对区块链技术应用的期待。

一、区块链技术在新冠肺炎疫情防控中的应用

（一）突发公共卫生事件治理中应用先进技术的必要前提

习近平总书记于2020年1月20日对新冠肺炎疫情作出的重要指示中强调："要把人民群众生命

---

* 作者简介：李晶，上海政法学院法律学院。

1　蒋照生、赵越、林泽玲，等.抗击新冠，区块链迟到了：区块链抗疫防疫应用报告.巴比特网2020年2月10日，https://www.8btc.com/media/553702。

安全和身体健康放在第一位,坚决遏制疫情蔓延势头。"[1]在突发公共卫生事件治理中应用先进技术要考虑一个必要前提:将人民群众生命安全和身体健康放在首位,这是由宪法保障的以国家为义务主体的基本权利。这意味着将先进技术应用到突发公共卫生事件治理中具有条件性。

一是先进技术的应用要从自利性走向公利性。先进技术的研究主体和使用主体多为私人主体,在应用中主要体现在对自身利益的实现或维护上。但在以保障人民群众生命健康为核心的突发公共卫生事件治理中应用先进技术,要将公共利益的实现和保障作为应用的前提,必要时采取对私人主体利益损害最小的方式实现公共利益。二是先进技术的应用在保障不同类型的公共利益时要考虑优先次序。摆在首位的当是人民群众生命健康权的实现,其他公共利益要服务于或服从于此。三是先进技术的应用要兼顾公共利益和个人利益的实现。在突发公共卫生事件治理中,个人利益容易成为被侵犯的对象,在此需要秉持的是非经法定程序不得剥夺公民的人身自由等基本权利。

同时,突发公共卫生事件治理的程序也为先进技术的应用提供了条件。突发公共卫生事件治理程序被规定在《突发公共卫生事件应急条例》(以下简称《应急条例》)和《国家突发公共卫生事件应急预案》(以下简称《应急预案》)中,主要包括监测、预警、报告、应急反应、终止和善后处理等。以上程序已不同程度利用技术以供相关责任主体在职责权限范围内作出科学决策,尽量避免人为因素的干扰。如在监测过程中,可利用大数据技术不断搜集相关病例数据,并根据人工智能等技术作出分析预测,以辅助是否作出预警决策,以及在应急反应中综合运用定位、云计算、大数据等技术等。

(二)突发公共卫生事件治理中应用区块链技术的优势

区块链技术的本质在于通过技术组合来实现"信任",这对公众普遍关注的突发公共卫生事件应对尤为重要。在新冠肺炎疫情防控过程中,既面临来自不同病毒寄生宿主的可能威胁,也面临相关行政主体防控措施不当可能带来的生命健康威胁……不同的可能威胁形成"风险综合体",[2]增添了治理突发公共卫生事件的难度,甚至有违法防控之虞。而区块链技术在突发公共卫生事件治理中具有独特优势,可体现在"总体"和"局部"上。

1. 区块链技术在突发公共卫生事件"总体"治理中的优势

突发公共卫生事件"总体"治理中应用区块链,即利用区块链技术构建突发公共卫生事件可信防控链,有助于实现突发公共卫生事件治理法治化。其具有如下优势:① 监测的"风险综合体"数据都被完整记录在分布式账本上,在实现资源整合的同时满足数据的完整性,有助于相关行政主体据此作出行政决策;② 区块链技术的区块和链以及时间戳技术的设定,让突发公共卫生事件治理的每一程序都将严格被执行,执行过的程序数据将被打包成区块,并按照"事前—事中—事后"顺序形成不断延展的链条;③ 根据《应急条例》《应急预案》规定的相关环节启动条件来设计智能合约的执行规则,一旦监测环节收集的风险数据达到启动智能合约条件,可以实现自动预警等功能,避免出现预警不及时所带来的危害后果;④ 如上相关主体数据记录,并同步到其他节点时,为不同责任主体之间的分工协作创造了条件,完整的防控链条为追踪不同责任主体承担相应责任提供了清晰的证据链条。

1　习近平.要把人民群众生命安全和身体健康放在第一位,坚决遏制疫情蔓延势头.人民日报,2020年1月21日,第01版.
2　参见莫纪宏.用法治思维和法治方式推进疫情防控.人民日报,2020年3月3日,第09版.

2. 区块链技术在突发公共卫生事件"局部"治理中的优势

区块链技术的"局部"应用优势,是指对透明度、可溯源性等有需要的领域应用区块链技术,获得公众的信任、满足公众的监督。区块链技术本质上是一种治理模式,必然在国家治理过程中发挥愈加凸显的优势。

一方面,参与区块链网络中的公众都可获得整个流程的公开信息,破除因信息不够透明所带来的公众恐慌和不满等负面情绪,这是在公益慈善捐助领域不断应用区块链技术的本质原因。公众对重点疫区、特定人群所进行的财物捐助活动,是希望通过给予财物的方式表达支持、鼓励、互助的感情,寄托在财物上的感情远大于财物本身的价值,而物尽其用、按需分配则是这种感情实现的具体方式。故而,公众对公益慈善捐赠环节是否透明格外关注,区块链技术的应用为确保公益慈善捐赠的透明性提供技术可能。

另一方面,区块链加密算法可确保公民身份的匿名性,避免个人信息不当泄露以及由此可能带来的歧视。在诸如新冠肺炎这样可传染的突发公共卫生事件,精准定位特定人群、避免直接接触是防控疫情蔓延的有效手段,但掌握公民出行等个人信息的第三方可能会导致公民个人信息被不当泄露,既可能会威胁公民人身财产安全,被信息具体化的公民又可能会因此遭到歧视。但区块链的加密算法技术可以将公民个人信息匿名化处理后,再进行无差别统计学使用,满足公民对个人信息保护的需求。

(三)区块链技术在公共卫生领域初步应用

1. 区块链让流程简化透明、公平安全

区块链技术在复工复产管理中有助于实现信息共享、流程简化。2020年2月18日,工业和信息化部办公厅发布《关于运用新一代信息技术支撑服务疫情防控和复工复产工作的通知》,进一步明确了区块链技术在政府治理中的具体应用方向。如江西省推出的全国首个"基于区块链的企业复工复产备案申报平台",利用区块链上数据难以被篡改的优势,上链存储企业备案信息;同时利用全网数据同步确保监管机构与企业之间的数据可查询、数据真实来确保流程的公开和公平,方便全省范围内监管机构履行监督职能,提高审批效率,打破不同机构(包括同省跨地区)复工复产备案数据孤岛,既是监管机构监督复工复产企业上报信息真实性的渠道,也是监管机构被监督履行职责的公开渠道。[1]

区块链技术在口罩购买管理中有助于实现透明公平。新冠肺炎是呼吸道传染疾病,口罩不仅成为公民疫情期间的必需品,更是"紧俏品"。即便各省份采取了线上或线下预约、限量购买口罩的方式,但仍有部分公众无法获得口罩,对口罩是否公平分配产生质疑。利用可信区块链技术进行线上口罩预约,既能保证预约和分配过程的透明性,也能确保分配结果难以被篡改,从预约到分配的整个流程都可被溯源或追踪,以确保紧俏资源分配的公平性。如苏州市利用区块链"摇号公证系统"开启线上口罩预约,区块链系统能实时更新预约结果,利用密码学随机算法来"摇"出可线下购买口罩的主体,有效避免了稀缺公共资源分配过程的不公平产生。[2]

区块链技术在公民行程监控中有助于实现个人信息安全。在应对公共安全问题上,利用区块链技术保护公民个人身份信息的应用逐渐增多,当公民上传个人信息到区块链上,既可确保存证的真实性和完整性,也可对个人数据进行安全加密处理达到保护公民个人隐私目的,以及帮助公民筛查是否

---

1 参见周晓龙、罗小胜、黄炜.江西联通退出复工复产备案申报平台.人民邮电报,2020年3月3日,第02版。
2 参见徐晨艺.如何让"口罩摇号"更公平.中国青年报,2020年2月25日,第04版。

具有影响公共卫生安全的风险。

2. 区块链让募集分配过程透明可信

区块链是一个分布式账本，钱物流通的全生命周期将被完整记录在难以篡改的区块链账簿上，捐赠人可以查看经由加密技术处理隐去相关人员隐私信息的公开捐赠信息，实现公众监督。在区块链慈善募集平台上，首先实现的就是慈善募集平台的公开透明性，这是慈善事业获得公众信任的前提；其次，区块链完整链条确保了整个环节数据的真实性，节约了慈善募集平台的信息披露成本；再次，区块链技术的可溯源性可以迅速定位不同环节的责任人，而可追踪性则方便公众监督钱物是否到达了需求者，避免特定捐赠物被挪用；最后，区块链技术能够培育公众的信任感，区块链技术的透明性为公众监督提供了公开平台，有助于恢复公众的信任感和期待感。

2020年1月24日，支付宝平台紧急上线的"紧急救援新冠肺炎"捐赠项目，短时间内就筹集了千万捐款。蚂蚁金服公益平台将捐赠人信息和捐赠项目放在区块链捐赠平台，将筹到的款项发到指定的慈善组织，即"捐赠人—（蚂蚁金服公益平台）—慈善组织"。不过，该区块链捐赠平台只可以实现如上环节数据的公开透明，但筹集到的款项送达指定慈善组织后如何分配和使用并未使用区块链平台，无法确保之后环节的透明性和真实性，而这往往为公众所关注。由中国雄安集团数字城市公司等牵头建立的"慈善捐赠管理溯源平台"，已经实现"寻求捐赠—捐赠对接—发出捐赠—物流跟踪—捐赠确认"整个环节透明，已经上链存储的捐赠分配等关键数据难以篡改，增强了公众对慈善捐助机构的信任。[1]

3. 区块链让基层治理更高效

在公共卫生安全应急管理中，精细化社区治理成为防控能否取得成功的关键。区块链作为公共账本，可有效减少突发公共卫生事件治理显露的形式主义。对个人的社会活动进行记录，形成分布式记账；同时，将个人与政府、社会的交互情况记录在"大账本"上，用区块链技术安全链接"小账本"与"大账本"。[2]如上海临汾街道使用"智慧临小二"平台，既利用区块链技术数据难以篡改的优势进行电子签名的存证，也利用数据记录整合来排查社区未返程居民，以此有针对性地追踪特定居民行为轨迹，可满足疫情防控工作监管的需求。[3]区块链可以有效防止对数据的篡改，即使有节点的数据遭到破坏，其他节点的同步信息仍可确保数据的完整性和真实性，有效避免个别主体在疫情防控过程中的谎报、瞒报及漏报，而且对数据的非法访问或非法破坏都将被记录，可以据此追究相关人员的责任。

区块链技术在公共卫生安全体系中逐渐发挥重要作用，实现了信任构建、不同主体分工合作、国家机关监管于一身的综合治理效果。但存在几个突出问题：① 区块链技术是"被动"应用于公共卫生安全防控治理，即利用区块链技术进行防控薄弱环节的"亡羊补牢"；② 区块链技术可以让记录的更多真实数据发挥作用，但当前很多应用仍未打破数据壁垒，反而以数据共享之名创造了新的"数据孤岛"；③ 区块链技术在疫情防控中的应用多是地方性的，但却是不同地方的共性问题，区块链技术在各地数据进一步整合应用上仍有空间。

1 李冰.区块链技术为防疫捐赠赋能 信任机制为慈善带来可信连接.证券日报,2020年2月10日,第B1版.
2 参见汤啸天.运用区块链技术创新社会治理的思考.上海政法学院学报(法治论丛),2018,3.
3 参见"智慧临小二"助精准防疫.解放日报,2020年2月17日,第06版.

二、区块链技术在突发公共卫生事件治理中的应用前景

区块链技术在疫情防控中的初步应用已表明潜力。区块链技术在公共卫生领域的应用已有国际经验,如《全球卫生安全议程》(Global Health Security Agenda,GHSA)提出了利用区块链技术对非传染性疾病在预防、检测和响应下进行实时监测,可以检测早期风险因素;[1]美国疾病预防控制中心运用区块链技术记录健康数据,用安全加密算法确保数据的安全性和访问留痕等,并致力于疾病预防流程的优化。[2]区块链技术在政府治理、公益慈善和社区治理等新冠肺炎疫情防控工作中初步发挥作用。但显而易见的是,区块链技术在突发公共卫生事件治理中仍然还有相当大的应用空间。

(一)区块链技术可打通社区治理、企业治理和政府治理

分布式协作模式是区块链作为治理技术的基本特点,消除不同主体之间的"数据孤岛"是应有之意。区块链的去中心化特点并非是打破治理中具有中心地位主体的存在,强调区块链不同主体基于分布式形成的协作模式,满足不同主体参与突发公共卫生事件治理的多样性要求。从公共卫生安全应急管理的区块链应用分析,区块链技术分别在社区治理、企业治理和政府治理中都有一定程度的应用,但从其应用趋势来看,将三者贯通是区块链技术应用亟待破除的难点。

前文提到的基于区块链技术构建的"智慧临小二"平台已经初步贯通社区治理、企业治理和政府治理,既能够满足社区治理中对社区居民身体健康数据的统计需求,又能够为企业复工复产提供员工健康数据、行程轨迹。在区块链网络中无论个人是以社区居民身份登记,还是企业员工身份登记,两者在一定程度上将出现重合,但使用区块链网络中的唯一电子签名可同时满足社区和企业治理需要,而且登记数据难以被篡改。运用同一电子身份出入社区、企业,可以构建更为完整的个人行动轨迹,方便政府相关部门有针对性地进行统计分析。

在突发公共卫生事件发生时,某一节点登记的个人信息可及时同步到其他相关主体,验证成本较低,实现社区、企业、政府在权限范围内的同时知情,并在各自职责范围内作出反应。在此过程中,并不只是存在政府视角"从上到下"的决策与实施,而是在"国家—社会"之间嫁接了满足博弈规则意识和传统信任的新的"桥梁",[3]既排除"一个中心"下的效率高但难以全面兼顾的局面,也摒除了"无中心"下的各自为政所带来的效率不高。区块链贯通突发公共卫生事件的"社区—企业—政府"治理网络,已精准扩大到更多空间和场景,如社区或企业是否有病例出现,都可以利用区块链可溯源特点,全面搜集行动轨迹,避免个人无法全面回忆或故意隐瞒行动轨迹等。

与信息公开相对应的是利用区块链匿名性对特定人员的隐私信息进行保护。对于需要采取隔离等特殊措施的人员,可在当前使用的"健康码"中加入智能合约,设定不同条件的智能合约规则,一旦期限到达或其他条件实现,可自动解除相应限制,有效避免人为干预以及由此产生的不公平待遇。当然,利用区块链技术贯通"社区—企业—政府"治理的核心目的在于实现数据共享、避免重复收集信息。当前,"健康码"仅在特定行政区域内有效,对于要跨行政区域流动的人员来说,不同行政区域

1　See Sudip Bhattacharya, Amarjeet Singh, Md Mahbub Hossain. Strengthening Public Health Surveillance through Blockchain Technology[J]. AIMS Public Health, 2019, 1.

2　参见新型冠状病毒防疫战,区块链能做什么?.莱恩比特咨询2020年1月23日,https://www.wwsww.cn/hqfx/2971.html。

3　参见朱婉菁.区块链技术驱动社会治理创新的理论考察.电子政务,2020,3.

"健康码"的互认成为需要。虽然已有不同行政区域开始"健康码"互认，但在具体执行过程中仍会出现以本地"健康码"为准的现象。这是由于各地健康码的生成需要比对的是本地的公共数据库，而各地的评判标准以及采用的算法均不同。[1]究其本质，仍是不同地方政府之间的相关数据未得到共享。在区块链网络运行"健康码"能自动、全面收集数据，不同地方政府负责运行其中一个节点，既能保持地方政府对该节点的管理权，也能实现不同政府之间的数据共享或开放数据权限，有效减轻民众负担。

（二）基于区块链技术的可信身份将成为基础应用

民众是最为广泛的参与突发公共卫生事件治理的主体，民众权利的不受侵犯与义务的履行都与个人信息相关，可信数字身份可以成为个人信息保护与使用的具体区块链应用。基于区块链技术的可信数字身份（去中心化数字身份或自治数字身份），是指利用区块链技术将个人身份信息进行链上记录，形成唯一真实可信的数字身份，具有如下特点：① 真实性，每个人对应区块链治理网络中唯一数字身份，一旦完成身份认证，个人身份信息将难以改变；② 不易丢失，区块链上的信息一经记录即全网同步更新，即便有个别节点遭到破坏而丢失数据，也不影响其他节点提供完整的身份信息；③ 安全性，每个用户都有私钥来管理个人数字身份信息，防止个人信息被不当窃取，对个人信息的使用来自本人授权。

可信数字身份强调公民对个人信息完全的所有权，既是对隐私泄露的主动防御，也是对不当使用个人数据的拒绝。将可信数字身份认证应用到突发公共卫生事件治理中具有以下优势：① 民众在区块链上完成个人可信数字身份认证，与其他中心主体相比，政府是更值得信赖的数字身份的保管者；② 民众的可信数字身份信息虽然由政府保管，但包括政府相关部门在内的其他主体在使用民众数字身份信息时，需要获得本人授权同意，即在民众知情的情况下公开与其相关的突发公共卫生事件的防控数据，也可利用可溯源技术来追踪民众的行程信息，如此可实现隐私保护与公共安全的双重治理目标。更为重要的是，可信数字身份认证也是打破多元治理主体"数据孤岛"的基础。在不改变政府保管身份的前提下，由民众自由决定是否授权其他主体使用不涉及其隐私的信息，实现不同治理主体之间的数据流通。

三、区块链技术在突发公共卫生事件治理中的应用建议

（一）突发公共卫生事件治理区块链应用总体思路

本研究重点以突发公共卫生事件的应急处理程序为基础探索区块链应用。总体思路是利用联盟链技术搭建国家统一的应急管理平台。该平台的超中心节点由国务院管理，具体可由联防联控机制具体运行。与突发公共卫生事件治理相关的卫生行政部门、应急管理部门等负责运行各自节点，可视为国家层面的应急管理系统；同时，地方各级政府及其行政部门也为联盟链中的节点，不同节点的权限由主体具有的行政权限决定，可视为地方层面的应急管理系统。无论是国家还是地方层面的应急管理系统都处于整个应急管理平台之中，仍可依据权限及时获得某个节点的信息。值得注意的是，也应将具体执行监测、应急处理等主体纳入平台。该应急管理平台能够协同管理包括突发公共卫生事件在内的所有突发公共事件，既能有效节省行政资源，是法律制度内在一贯性对技术应用的要求，也

1　参见查云飞.健康码：个人疫情风险的自动化评级与利用.浙江学刊,2020,3.

是技术应用反作用于行政管理改革的体现。

形象地说，国家级的应急管理系统为"大齿轮"，省级行政区的应急管理系统为"小齿轮"。在突发公共卫生事件等突发事件监测以及其他程序开展时，"大齿轮"和"小齿轮"可同时在联盟链上运作。一方面，是在地方层级的不同主体与"小齿轮"在运作过程中紧咬合而彼此驱动，可以有效打破部门之间的"信息孤岛"，充分利用上链数据的真实性和难篡改性迅速完成验证，在实现信息共享的基础上分工协作，避免不同行政部门之间的推诿和不作为；另一方面，是省级行政区应急管理系统的"小齿轮"与国家级的"大齿轮"咬合驱动，联盟链上记录"小齿轮"真实的、完整的、不可篡改的信息为"大齿轮"同步验证、溯源信息提供了保障，有效避免"隐瞒、缓报、谎报"的发生。基于联盟链构建的国家统一的应急管理平台将会提高行政效率、维护信息安全、增加政府可信度。

（二）智能合约技术及时预警

与突发公共卫生事件突发性和危害性直接对应的是不特定民众的生命安全与身体健康，及时、准确、有效预警能为民众做好预防或接受救治"争分夺秒"。即便因先进技术使用让突发公共卫生事件监测更为灵敏、高效，但若突发公共卫生事件的预警程序未及时启动，就会丧失疫情防控"先机"。突发公共卫生事件治理不同于其他领域的治理，就在于其出现并不以人的主观意志为转移，是能够显露出来并逐渐为民众所知并关注的。尤其是愈加发达的网络将消息迅速传播给更多的民众，反而会增加民众的恐慌感以及对相关管理主体的不信任感。运用信任工具区块链进行突发公共卫生事件预警，可同时满足及时性和可信性。

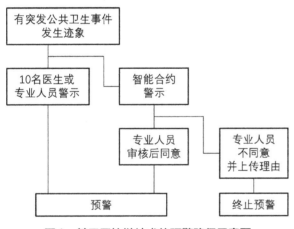

图1 基于区块链技术的预警路径示意图

去信任化的区块链技术能尽量摒除人为因素，起到及时发布突发公共卫生事件预警作用。因此，国家级应急管理系统将《突发公共卫生事件分级标准》写入联盟链中的智能合约。通常，该智能合约主要在地方级的"小齿轮"上发挥作用。在突发公共卫生事件预警上，可设计两条预警路径（如图1所示）。一是充分尊重医生等专业人员的职业素养，如果有一定数量的医生等专业人员对出现的病例在联盟链的"小齿轮"上共同作出突发公共卫生事件警示，就可以发布预警。专业人员的信息和作出警示的信息都将完整记录在联盟链上，可供验证和溯源奖惩。此外，利用联盟链各节点数据同步更新，还可及时将信息传达到"小齿轮"和"大齿轮"负有直接管理职责的行政部门。

如果没有专业人员警示，则可以选择第二条预警路径。联盟链上监测系统收集的与突发公共卫生事件有关的信息已满足智能合约中设定的某一分级标准时，并非直接由智能合约直接执行发布预警信息的功能，而是再在智能合约中引入人工验查环节：如果相关部门人员经过专业判断后认为该预警正确，即同意发布预警信息；如果该专业人员不同意直接发布预警信息，则要将理由和佐证材料上链，终止相应级别预警信息的发布。概言之，在设定预警信息的智能合约时，采取双重判断标准：第一层智能合约判断收集的信息是否满足某一突发公共卫生事件的级别标准，第二层智能合约则是引入人力因素的判断。同时，为了防止专业人员的不诚信，采用不同意发布预警的理由上链方式，一旦因为未及时发布预警信息而引起危害后果时，可追究相关人员责任。

（三）区块链技术应用引导与舆情监管

及时真实的新闻报道有助于减少民众恐慌、增强对疫情重视的"共情"。尤其在基层治理中，用朴素方式传送非常时期的国家政策和村规民约，传授疫情防控知识和基层防治经验，[1]都是引导舆情的有效方式。舆情监管的重点在于对谣言的澄清，而在互联网背景下，谣言传播速度也呈现指数级增长，尤其是谣言以当事人亲眼所见视角，并辅以图片、视频、地理位置定位等方式传播时，更让焦虑和恐慌的民众无法分辨真假。即便是网络平台采取删除方式阻止谣言传播，但谣言早已瞬时广泛传播，并可能会被别有用心者进一步加工成新的谣言，成为环环相扣的"谣言链"。民众每天接收真相与谣言，长此以往，也会出现"谣言不再假，真相不够真"的混乱局面。

对于舆情监管，区块链技术可以更为迅速地发挥作用。谣言传播的途径主要有微博、微信等网络平台，可以将以上平台接入国家应急管理联盟链平台。如果某个用户发布不实信息，可能会面临两种结果：其一，其他节点在验证该信息时发现该信息为不实信息，拒绝为其在区块链网络中记录；其二，在其他节点并没有及时或无法识别该信息的真实性，将其记录并在全网络中公开后，可能会造成谣言传播。

利用区块链技术对影响舆情的谣言进行监管。利用区块链技术的可溯源性，可以迅速找出最早散播谣言的用户，追究其传播不实信息的责任；利用区块链技术的可追踪性，可以了解谣言最终传播到哪些用户，并有针对性地提出辟谣措施；区块链技术所具有的经济激励机制可以对识别谣言或辟谣有贡献的用户提供通证奖励，也可以扣减散播谣言用户的通证，通证的奖励或惩罚只与用户的行为有关，无关身份，[2]可利用智能合约技术将不诚信的用户进行信用标识，提醒其他用户在记录其发布的信息时要保持警惕，如果该用户在之后所发布的信息都真实时，可以及时调整其信用等级；官方媒体或主流媒体要及时进行信息公开、真实的新闻报道，用权威的声音直接辟谣，让民众学会判断信息的真假，而且区块链上发布的信息是全网公开可见，有效减少信息披露的非对称性，用多中心化的方式快速传播真实信息，防止谣言滋生。

（四）区块链技术应用要均衡信息公开与隐私保护

本文提到的涉及信息公开的主要有政府对个人行程监管、口罩等物资管理以及慈善捐赠的公开，其中，尤以行程监管可能会隐私带来威胁。中肯地说，获知公民个人行程轨迹信息的确有助于突发公共卫生事件的防控治理，但轨迹信息的使用也可能成为侵犯隐私的"合理"借口。隐私同样是宪法保护的公民作为人所具有的基本尊严和权利，非经法定程序不得侵犯。区块链技术所具备的公开透明性以及用户匿名性的双重属性，可化解信息公开与隐私保护的难题。上文已提到可信身份认证就是隐私保护的具体应用。将区块链技术应用在兼顾政府信息公开与公民隐私保护时，同样要遵循先进技术应用前提，即把保护人民群众生命健康放在首位。如若对特定民众的隐私进行公开而引起歧视等不利后果，实则是让该特定民众"二次受伤"，有违突发公共卫生事件治理初衷。

为了均衡信息公开与隐私保护之间关系，需要明确个人信息公开与隐私的界限，而这以对个人数

1　参见沈正赋.突发公共事件的危机管理、舆情应对和共情传播——基于新冠肺炎疫情的检视与思考.对外传播，2020,2.

2　参见李晶."区块链+通证经济"的风险管控与对策建议.电子政务，2019,11.

据明确划分为前提。在区块链网络中个人数据可分为两类,分别是个人身份数据和交易数据。其中,对于个人身份数据完全属于用户个人管理内容,除了政府对个人身份数据具有统一管理权外,其他主体在参与突发公共卫生事件治理中都无法直接获取。获得个人授权后,相关主体可以查询并获取该个人的轨迹信息而不泄露个人隐私数据。

对于个人的交易数据,即除了身份数据外的其他数据,隐私保护程度低于身份数据。但交易数据却是在突发公共卫生事件治理中使用更多的数据,故而仍要遵循一个基本原则,即个人对自己的交易数据仍具有管理权:① 交易数据可用性受到保护,这一权利在区块链上容易实现,即区块和链的结构确保交易数据的可追溯性,而国家级应急管理联盟链平台能够保证该交易数据得到不同节点的链接;② 交易数据完整性受到保护,理论上存储在区块链上的数据将永远存在,但仍不能排除在私人区块链网络中有被攻击、破坏的可能,依托于国家网络信息资源搭建的应急管理联盟链平台在抵御攻击上更有优势;③ 交易数据可控性受到保护,个人通过掌握的私钥管理数据,通过授权方式决定别人是否可以使用,并有机会从中获得利益。

突发公共卫生事件的治理关乎民众的生命健康,使得用户交易数据隐私保护存在例外,也就是在一定条件下可公开用户交易数据。为了获得更为全面的用户行程轨迹,可以采用"区块链+手机号"双重认证,有效避免瞒报、漏报等不利于突发公共卫生事件治理情形的发生。依托于区块链技术进行的用户隐私保护,可以纠正当前对民众信息不当使用、控制和泄露;同时,为用户提供数据使用授权的方式,还可以满足突发公共卫生事件中信息公开的需要。因此,在法律规定对公民隐私保护而执行不利的情况下,运用区块链技术执行隐私保护规范,可以促进突发公共卫生事件依法治理。

（五）基于联盟链平台探索数字孪生应用

突发公共卫生事件关乎不特定人民群众的生命健康以及社会的正常运转,仅建立监测预警防控机制只是被动回应,需要国家构建摹拟与物理世界运行高度相似的数字世界,在数字世界实现预防与摹拟解决不同难题,实现对物理世界健康发展的主动治理,即数字孪生。2020年2月10日,上海市政府在发布的《关于进一步加快智慧城市建设的若干意见》中提出要"探索建设数字孪生城市,数字化摹拟城市全要素生态资源,构建城市智能运行的数字底座"。数字孪生在城市治理中的意义在于将物理世界中一个城市映射到数字世界,通过对数字世界各项城市要素进行建模,打通物理世界与数字世界,最终服务于城市治理的现实需要。德勤咨询有限公司于2018年发布的报告中提出,数字孪生是动态呈现某物理实体已有状态的数字化形式,可实现物理世界与数字世界的"准实时"联系。该概念性体系架构分为"创建—传输—聚合—分析—洞见—行动"六个步骤。[1]

数字孪生在突发公共卫生事件治理中能发挥以下优势:监测并能快速判断何时发生;在了解当前突发公共卫生事件治理能力的基础上迅速调整优化治理措施;改进当前突发公共卫生事件的治理系统,有针对性进行调整;无论是突发公共卫生事件治理中投入的物资,还是直接受到生命健康威胁的特定人群都将被追踪,以确保物尽其用;提高突发公共卫生事件乃至其他公共事件应急治理效率,降低行政成本。

在区块链上构建突发公共卫生事件治理的数字孪生可沿袭路径:一是传感器通过自动检测的数

1　参见德勤咨询有限公司.工业4.0与数字孪生——制造业如虎添翼.中国轻工业网2020年3月24日,http://www.clii.com.cn/lhrh/hyxx/201809/P020180917100214.pdf.

据或由医师等专业人员上传的数据，在区块链上经过加密处理变成不可删除、不可篡改的唯一数据，传输到数字孪生；二是传输这一步骤的目的在于实时互联，用分布式账本记录数据更为安全；三是聚合这一步骤的目的在于分析存储数据，传输到各个节点时已同步完成区块存储；四是在分析环节，需要借助其他技术以及专业人员的专业分析，为是否预警、如何应急处理提出建议；五是标示出数字孪生模型与突发公共卫生事件治理的具体领域之间的差异；六是将可执行洞见应用到突发公共卫生事件治理的具体领域，打通数字世界与物理世界。区块链技术的应用将简化数字孪生在突发公共卫生事件治理中的环节。

四、结　语

从技术角度看，区块链是分布式存储、点对点传输、时间戳、加密算法等的组合技术；从治理角度看，区块链是具有公开透明性、可信性、可溯源性、匿名性、难篡改性等特点的全新治理生态，在具有突发性、危害性、复杂性和综合性的突发公共卫生事件治理中具有优势，尤其凸显以个人权利保护重塑治理生态。通过区块链技术的应用，有助于公共安全与个人隐私保护双重目标的实现，提高治理过程的透明度和治理结果的可信度，满足不同主体参与治理的需求。同时，对于区块链技术的应用要保持清醒头脑。区块链的技术特点虽然在排除人为干预、创建信任上具有优势，但其在突发公共卫生事件治理中的应用属于"锦上添花"，应用得当才会起到"如虎添翼"的作用，起到决定作用的仍是不同责任主体以及社会民众。区块链技术的排除人为干预与突发公共卫生事件治理的人为最终决定并不矛盾，尤其在错综复杂的利益衡量中，并非依靠简单的智能合约就可自动作出决策。区块链技术应用治理的本质是在推进一种"共建共享"合作型治理秩序的生成，需要传统法律治理模式的长期保驾护航。[1]

区块链技术正在、未来也会继续在突发公共卫生事件治理中继续发挥作用，但在具体领域的应用仍有进一步研究的需要。一是要探索可信身份在整个突发公共卫生事件治理中的基础应用；二是探索对突发公共卫生事件治理的数字孪生，这是创新城市治理、构建安全城市的重要数据来源；三是要探索如何在突发公共卫生事件发生时发展经济，在将物理世界中的突发公共卫生事件放在数字世界中的区块链上治理时，也要能利用区块链技术走出数字世界，赋能实体经济。

1　参见石超.区块链技术的信任制造及其应用的治理逻辑.东方法学,2020,1.

城市数字化转型研究

智慧政府建设背景下的"一网通办"法治保障研究*

彭　辉　周莹青　刘唤朝**

摘要：本文阐释"一网通办"对智慧政府建设定位，尤其"一网通办"对转变行政管理理念、促进信息资源融合、构建科学决策模式、深化社会协同治理、完善政府服务体系等所产生的深刻影响。基于数据全生命周期理论，分析"一网通办"面临的重点法律问题。在此基础上，结合全国和地方一网通办及政务数据的现状，着重从规范数据获取、明确电子材料效力、再造业务流程、数据共享开放等维度，提出在机构设置、数据立法等方面的法治保障体系，以期构建和形成国家智慧一网通办运行支撑体系，为实现公正执法和行政为民，建成高效、公正、透明的智慧政府提供全方位法律支撑。

关键词：一网通办；法治保障；智慧政府

一、"一网通办"与智慧政府定位

基于帕森斯的"结构功能主义"理论社会与经济发展是一个不间断更替过程，即不断破坏淘汰旧的不适用社会发展的系统，同时产生新的领域和系统。随着数字化转型，各级政府内部的传统运转模式、组织管理、服务方式等亟待转变。其中，唯有通过政府持续深化改革，才可以更快打破各级政府藩篱，让数字化运作取代传统模式，并逐步实现各级政府部门从创新理念到行政实践，再到形成相关文化的彻底转变。全面推进数字化转型，政府要用法治的思维和手段来解决这一过程中出现的障碍和难题，用法律制度将转型成果予以固定并推广。在这一理念下，充分融合互联网的"一网通办"模式基于时代背景诞生并快速发展。

"一网通办"发展至今，已衍生出多种定义，但概括而言就是用互联网思维和法治视角，重新审视审批事项精简、审批时间缩减、服务流程再造的可能性，形成一体化政务服务的模式。智慧政府是指以经济、民生和社会服务为导向、以大数据资源为支撑，借助云计算数据中台、知识图谱、联邦学习、质量控制等方式，全面融合以公共数据为主干的领域性数据资源，提供统一完善服务体系为特征的新型

* 基金项目：国家重点研发计划"全流程管控的精细化执行技术及装备研究"（2018YFC0830400）

** 作者简介：彭辉，上海社会科学院法学研究所；周莹青，上海铁路运输法院；刘唤朝，上海政法学院。

政府形态,也是高效政务服务的集中体现。一网通办模式是建设智慧政府的基础工具。

1."一网通办"与转变行政管理理念

智慧政府相较于传统政府,更关注民众需求和公众参与,努力创造共建共享、良性互动氛围。随着互联网和手机等网络终端的普及,越来越多的社会公众通过网上与政府进行信息互动。[1] "一网通办"的推进,以注重公众和社会需求为中心,在打破部门原有的业务框架、创建新的工作流程和处置方式、信息化工作从"可选项"成为"必选项"的前提下,将在线办理比例、服务办理时间、服务响应速度、行政执法信息化能力等事项的可量化,作为考核评估行政能力的重要依据。基于此,服务型政府理念将在此过程中自然地植根,"各自为政"的工作理念将逐步转向全局考虑、协同合作。

2."一网通办"与促进信息资源融合

"一网通办"对于各领域、各部门业务信息化的标准化建设提出更高要求,更趋于全覆盖、一体化的数据采集;对从中产生的数据、信息的分享与再利用,推进了跨部门业务协同和资源共享;同时,推进"一网通办"过程中搜集、共享的数据和信息,也为相关主管部门科学决策提供了量化基础,为相关文件政策的出台提供较全面的数据依据。推动管理部门无纸化办公,将履职的知识和经验转化为各种实用信息,逐渐积聚业务信息共享资源宝库,形成可以随时使用、反复使用的资源库,快速培养更多"全能型"领导干部,有效提升了城市突发应急事件的响应能力。"一网通办"模式利用大数据、互联网、云计算以及人工智能,显著降低"人人互联,物物互联"的交易成本,为共享发展提供技术支撑;与此同时,充分利用互联网技术和信息手段搭建一个能够融合资源、信息、机会的平台,使每个人处于平等地位,实现去中心化,为共享发展提供了平台支撑。[2]

3."一网通办"与构建科学决策模式

"一网通办"产生的大数据为"决策"提供了重要依据。通过积极开展大数据应用技术,对相关数据资源予以充分发掘、综合研究判断,将散落于各处的碎片化数据予以整合,实现数据从"隐形"到显现,并最终为政务服务所用。政府部门能轻易获取共享数据,基于此做出全面、准确的判断,进而做出科学决策,减少因信息遗漏或不全而做出错误决策的风险。此外,"一网通办"还围绕政府部门的考核指标、工作计划和监管红线,建立领导决策辅助系统,整合各类政府部门办公业务和政务服务信息资源,采集有关行业、企事业单位的重要数据,逐步建立并完善政府决策信息资源库,为领导层研判重大事项、做出重大决策提供有效依据和支撑,达到加强政府应对各类突发事件、自然灾害的预测、预警能力和科学应对能力。

4."一网通办"与深化社会协同治理

智慧政府治理的优势是以大数据资源和互联网技术为依托,调动各个部门、各组织机构和其他社会力量,共同参与政府治理,形成以政府为主导、多部门联动、企事业组织支持、公众参与的动态社会治理新局面。[3] 而"一网通办"的可量化时间节点有利于发现问题,推动全社会共同监督依法行政;在"一网通办"涉及的税务、工商、安全监管等重点领域相关数据的收集、整合有利于发挥统一信用信息平台的实用功能;涉及的市场准入审批、监管信息和服务类信息的共享共用,可以在监管对象全生命周期的范围内推动实施有效管理和服务。同时,大范围的数字化建设,形成了数据采集、问题发现、协

---

1 参见林必德.智慧政府:用法治武装头脑.上海信息化,2015,10.

2 参见胡税根、王汇宇.智慧政府治理的概念、性质与功能分析.厦门大学学报(哲学社会科学版),2017,3.

3 参见李明奇.大数据视角下的智慧政府治理能力研究.理论建设,2018,2.

同处置和结果反馈的全新社会管理体系,使现代数字技术得到充分应用,为社会上的企业、公民等自然人和法人主体参与政府治理提供便捷的渠道,促进政府治理的多元化和善治目标的实现也是智慧政府建设的初衷。

5."一网通办"与完善政府服务体系

"一网通办"模式要求全力推进信息公开、在线服务、公众参与,提升用户体验,使政府网站不再流于"存在"的形式,而成为真正的信息公开和政务服务的有效平台;"一网通办"紧紧围绕负面清单、责任清单,力促现行的行政事务包括核准、审批、备案等都尽可能地转移到线上,通过"一网通办"的全面铺开,实现公共服务和大多数行政事务的一网通办。要求逐步整合各领域、各行业的对外服务事项和网上办事窗口,建成一体化的网上政务"单一窗口"。[1]同时,针对不同社会群体对公共服务的具体诉求,要求借助大数据技术分析,加强评估,跟踪民众网上办事数量、办事时长、办事满意度等指标,以此作为衡量公共服务效能的标准;要求推进网上服务人力、物力等资源的重新配置,构建一个立体化、多层次、全方面的社会公共服务系统,并通过大力丰富公共资源供应渠道,出台更多便民措施,进一步完善政府服务体系,实现网上服务和窗口服务无缝对接,增进政府与公民的双向互动、同步交流,提高公共服务的效率和服务对象的满意度。

二、"一网通办"数据获取的法律问题

一网通办的源头在电子数据的形成和获取。目前,在电子政务的技术框架下,基本上所有数据都可以电子形式接收和操作,即使是传统的线下获取方式,也可以在行政过程中进行转化。因此,"一网通办"数据获取的法律问题与传统政府数据获取有很大的相通之处。依据现代法治理论,政府在维护社会秩序、保障私权和公共利益的行政过程中,享有向社会公众收集、制作并保存数据的权力,即政府的"数据获取权",在学理上又称为"信息形成权"。政府部门在行政管理过程中将会获取海量数据、信息,这些数据、信息的获得来自政府以下权力。

1.数据自主获取权

各级政府部门在履行公共管理职责或提供政务服务的过程中,常会自动产生或由行政相对人主动提供而存储、记录相关公民、法人和其他组织的信息,也就是所谓的"政府管理即数据"。这并不难理解,例如,在提供公共服务或者实施行政许可的时候,行政机关会明确要求相对人完整全面提供所需材料清单上的材料,行政相对人为了获得该项公共服务或者得到许可,会按照行政机关的要求如实提供各种材料,行政部门自然获得行政相对人提供材料的各种数据。此外,政府还可通过撰写分析报告来收集和处理数据,比如行政机关有义务撰写阶段性、专门性的报告等。

2.数据强制披露权

在特定情况下,政府可以通过行使数据强制披露权来要求当事人披露私人拥有的数据,包括环境数据、安全事故数据等。概括而言,政府的数据强制披露权表现为三种主要方式,即强制安全数据报告、强制安全数据公示和强制交易数据披露。① 强制安全数据报告,这一方式最主要是针对涉及安全事故、公共卫生和秩序以及环境安全和公民财经安全等公共事件的数据,通过一定的方式和途径向有关政府部门报告或通报。② 强制安全数据公示,是指对涉及公共安全的必要数据要通过一定方式

---

1 参见陶振.政务服务"一网通办"何以可能?——以上海为例.兰州学刊,2019,11.

进行公开公示。③ 强制交易数据披露,是指在商业交往中,消费者,小股东或小企业在与占据垄断地位的商事交易时,很难处于对等地位。因此,政府部门根据相关法律法规会强制要求处于数据垄断地位的商事主体主动公开自己的活动或必要数据。

3. 数据调查权

数据调查权可以理解为法律授予政府的一项法定或固有权利,根据政府收集数据的目的不同,可以划将其分为两类,第一种是检查和调查类,主要是指统计调查和执法检查,都以预先形成数据为目的;第二种是以事后形成数据文件为目的的调查,主要是指行政行为决定做出前的行政调查。除这两种调查权之外,还有一种比较特殊的数据调查权是行政检查,在很多法律中都有规定涉及,如《税收征收管理法》《审计法》等,分别规定了各专门领域的行政检查及数据收集权限。

4. 行政调查

"一网通办"处理的行政事项多数涉及行政许可、行政确认、公共服务等,因而数据获取权主要指向政府部门的自主获取权及数据申报接收权。这一数据获取行为将可能导致的"数字鸿沟"[1]现象在"一网通办"领域更为凸显。虽然,随着互联网的普及,公众可以通过各类政务网站和"一网通办"在线办理服务、参与听证、政府决策等,但不可否认的是仍有相当一部人受制于地域、年龄、经济发展水平、教育程度和自身缺陷等,并没有接入互联网,没有终端或并不会使用互联网,无法平等参与和分享"互联网＋政务"所带来的便利和实惠。他们往往容易转化为"信息贫困者",无法全面、有效、准确地获取和利用政务信息,其正当的利益诉求就不能得到充分表达,被采纳更无从谈起,这种情况周而复始形成的恶性循环,会进一步加剧他们在经济、政治、文化方面的弱势或不对称地位,与政府投入大量人力、物力、财力建设"互联网＋政务"的愿景不符。

"一网通办"模式在提高公共服务质量和效益的同时,也有极大可能加剧传统弱势群体信息贫乏的状况,这不仅有违宪法上的平等原则,也与"一网通办"服务大众的价值相悖。但这又是"互联网＋政务"自身发展过程中不可避免产生的悖论,应着力避免"一网通办"不但未能成为改善弱势群体公共服务的利器,反而使弱势群体随着"互联网＋"的技术深入、壁垒变高,与信息富有者的鸿沟逐渐拉深,被排斥在主流社会之外这一现象的发生。因此,如何从法律制度上保障这些弱势群体能够平等享有,并获得互联网技术带来的权益和便利,乃是"一网通办"建设和运行中面临的重要挑战。

三、"一网通办"数据管理的法律问题

"一网通办"承诺的"一网"不仅体现在时空上的"联网贯通",还包含着整体政府对数据管理运行机制的重塑。根据上海市政府办公厅和部分市政协委员、市人大代表组成的代表团最新考察调研结果,截至目前,上海市"一网通办"平台个人实名注册用户2 389万,法人用户205万,总门户接入服务事项已达2 321个,已有90%的审批事项实现"只跑一次、一次办成",99%的社区服务事项全市通办。[2] "一网通办"改革代表了从手工化行政到技术化行政,再到智能化行政的深刻行政革命。但是,着眼于"一网通办"的发展,问题与成绩同样凸显。

---

1 所谓"数字鸿沟"是指在信息时代因地域、收入、教育水准和种族等原因,形成了在数字化技术掌握和运用方面的差异,以及由此导致不同群体在社会中面临的不平等现象。
2 参见《"一网通办"个人实名注册用户已达2 389万,代表委员现场调查考验》,微信公众号"上海发布",2020年5月28日。

（一）电子证照、签章、材料的使用与效力

目前，对于电子证照及电子签章的问题，国务院办公厅在《关于"网络＋政务服务"技术体系建设指南》中明确，电子证照的可信等级为ABCD四个信用等级，包括审批部门产生的证照批文、用户自制或者上传后作为申请材料使用；而2019年4月修订《中华人民共和国电子签名法》（以下简称《电子签名法》）更进一步对电子签名作了相关规定。

以上海市为例，除非上级主管部门上有全程电子化要求，否则下属各部门还是以纸质申请材料作为首选，纸质证照是必不可少的，即使是为了方便相对人在网上签发了电子证照，仍然需要依托纸质证照而存在，仅凭电子证照无法在线下窗口办理业务。其中的问题在于：

（1）电子证照、印章与纸质或实物资料的法律效力不明。中国的电子签章和证照至今尚无法律明确规定其在行政管理领域与司法领域的法律效力。我国《行政许可法》第29条和第33条对电子行政审批进行了原则性规定，但仅是笼统规定可通过数据电文申请，并未确定电子化的行政许可何时发生法律效力，亦未明确电子化的行政许可在何种情形下是可撤销、可补正或无效的。事实上，这并不是一部专门对电子行政审批进行规范的法律，只不过从法律层面认可了电子行政审批的合法性。《电子签名法》仅有第35条规定了政府政务活动中的电子签名是概括性的授权，且授权的主体为国务院或者国务院规定的部门，其余条款皆是规范电子商务领域中的电子签名，对政务活动并无直接的约束力。它在某种意义上属于电子商务法，适用于民事活动，能否将其适用范围从民事领域扩大到行政领域上需要进一步明确。《上海市公共数据和一网通办管理办法》虽对电子签名的效力作出规定，认可了一定条件下电子证照、电子签章的效力，但仅是地方规章，且还规定"具体管理办法另行制定"，目前，尚未有细则出台。例如，对电子证照和电子签名的采集、使用有异议，如何进行救济，尚需进一步明确。

（2）电子证照、印章系统互通性差。全市的电子证照库和电子印章库正逐步建立，改善了原先各印章系统不互通互认的格局，但具有局限性，无法在全国范围内互联互通。而从电子证照的应用范围来看，仅局限于互联网上的业务办理。有关电子证照、电子签章存在的立法层级低、立法滞后、缺乏细则规定等问题，无法为"一网通办"的建设和运行提供制度支撑，一定程度上阻碍了"一网通办"在实践中的高速发展，国家必须通过顶层设计加以改善。

（二）"一网通办"的业务和流程设置问题

国务院在《进一步深化"互联网＋政务服务"推进政务服务"一网、一门、一次"改革实施方案》（以下简称《改革实施方案》）中要求通过协同审批及流程再造，提升政务服务效能，提高企业群众满意度。"一网通办"的核心是为了深化"放管服"改革，实现政府职能转型，因此数据管理的实质是促进部门间线上数据共享基础上的网络协作，以及线下职能整合，提升整体性政府建设的效率。在不改变政府组织专业分工、职能转型的基本前提或原则下，政府各个组成部门通过网络等现代数据技术实现协作，其基础是流程再造和审批标准的统一化。现有实践中存在如下问题：

（1）"一网通办"业务的重复与保留。"一网通办"牵涉部门复杂，技术上不同部门都建有自己的专网，内容上不同部门业务有重合、也有差异。[1]对于如何分配业务，缺乏相关的内部制度加以固定，对于某些不适宜进行一网通办的业务，应保留传统审批方式，但又缺乏一定的考量标准；对于不同类

1　参见上海社会科学院法学研究所课题组：《关于推进"一网通办"建设智慧政府的专题调研》，2019年10月。

型、领域的办理事项,不应追求无差异地"一刀切"办理。

（2）"一网通办"业务预审、审批环节不协调。根据《改革实施方案》,"一网通办"业务实行的是前台综合受理、后台分类审批、统一窗口出件的模式。实践中,流程设计不合理。当办理事项涉及两个及两个以上部门时,这些不同部门之间很多是根据本部门特点,按照本部门法的相关规定来编制行政服务事项清单及相关指引等,部门化色彩浓厚,不同部门的标准和要求都不一样,就会导致跨部门审批时不协调。那么,从预审或审批设计的角度,如何打破这种障碍,实现共享协同呢? 在法律上,"前台综合受理"中的"受理"的含义未予明确,"一网通办"工作实践中,各方对此的理解存在较大差异。行政管理部门（审批部门）认为"前台综合受理"的"受理"只是收件,申请事项未进入审批程序; 民众（申请人）则大部分认为,收件即是受理,行政服务部门即代表行政管理部门; 行政服务部门（受理部门）则认为"前台综合受理"既包括"收件",也包括民众线上线下的咨询,即以便捷服务为出发点,为民众提供材料是否齐全的初审意见或大幅有关审批事项的咨询。[1] 认识的不统一,加之法律规范对"前台综合受理"的受理主体与"后台分类审批"的审批主体之间的法律责任边界规定不明,使得实体大厅和线上办理等功能的深度融合工作推进迟缓。

（3）"一网通办"的监管依据不足。国务院文件要求推进"放管服"一体化改革,做好放管结合,但对于事中、事后监管并没有相应的制度和技术跟进,联合惩戒制度本身目前只是通过文件、备忘录的形式予以规定,涉及的惩戒项目依据散见于各领域的专门法律规范之中,难以有力贯彻执行。

四、一网通办数据运用的法律问题

（一）政务数据的权属

"一网通办"模式的目标之一是汇集政务数据,[2] 以便后续的数据利用。对于政务数据权属不明的问题,应从以下几方面考虑。

明确政务数据的权属是数据共享和开放的基础,权属不清易造成权责不清、利益分配不清、侵权处罚不清等各类问题。实践中,对政务数据的权利归属缺乏明确规定,使得数据记录者（如政府或企业）与数据生产者（如个人或企业）之间的权利互相交集,数据记录者在采集和运用数据时可能存在侵权风险。在权属明确的情况下,权利主体就敢于运用数据,促使数据发挥其潜在价值,推动数据产业健康快速发展。

此外,与之相关的是对政务数据中涉及个人信息和个人隐私的保护。2021年出台《个人信息保护法》规定了自然人的个人信息受法律保护。《网络安全法》详细规定了网络运营商收集及个人信息如何保护的措施。上海市制定了《上海市政务数据资源共享管理办法》《上海市公共数据和一网通办管理办法》《上海市公共数据开放暂行办法》等一系列规定,但对数据权属问题却未予明确;《福建省政务数据管理办法》则明确规定了政务数据资源属于国家所有,由相关部门统一管理并纳入国有资产管理。总体而言,有关数据权属问题,相关立法尚未形成统一。

（二）数据共享壁垒

在现实生活中,各级政府部门实际上直接或间接掌握着社会各方面数据,包括自然人和法人的征

---

1 参见上海市行政法制研究所课题组:《关于推进"一网通办"建设智慧政府法制需求与对策建议研究》。
2 政务数据是指在履行行政职权过程中,利用行政权力依法采集、收集、获取、制作形成的数据,也包括行使行政权力或提供公共服务的企事业单位、社会团体掌握的数据。

信数据、卫生医疗数据、出行等,但如同前文分析,各级政府之间、政府各个部门之间或多或少存在部门化倾向标准。因此,在"一网通办"建设和推广中仍不乏各种数据共享壁垒。探究这些数据壁垒存在的原因,纯粹从技术角度讲,是以现在的科技手段尤其是云技术的突破,推动数据实现跨越各种部门、行业、层级等无障碍共联共享。因此,"一网通办"建设中数据共享壁垒的存在,不仅是技术上的原因,而且也是由以下更深层次原因所致:

（1）条块分割的体制。我国现行行政体制一直是"条块模式",即垂直管辖与横向管辖相结合的双重领导体制,同一政府部门存在横向和纵向"两条线",部分特殊的部门还要多,条块分割、职能重叠、交叉管理、协作能力薄弱等问题由来已久,经常出现各自为政、缺乏整体协作的现象。

（2）信息寻租的驱使。对于政府部门而言,拥有信息的多少可能也意味着掌握权力的大小,故而以各种理由阻挠政务信息的整合。

（3）共享标准的不明。目前普遍存在的现象是共享数据的标准和责任主体不明,在"一网通办"推行比较好的上海,政府规章中虽然确定了行政机构是涉及政务数据资源共享的责任主体原则,但由于对共享数据价值的认识不同,也没有明确共享标准,导致各行政机构提供的数据目录完整性不够,对需要共享的数据范围、格式要求、共享程度也基本由各行政机构根据情况自行确定。

（4）法律规定的欠缺。现实中各部门间的数据共享与互认往往呈现部门间"一事一议"。该模式耗费时间长、结果存在不确定性,总体效率不高,数据交流模式已滞后于"一网通办"改革要求。2018年,《上海市公共数据和一网通办管理办法》虽然规定了数据共享的分类管理模式、授权与审批权限等。该规定相比《上海市政务数据资源共享管理办法》第14条的规定,更符合"一网通办"模式建设的初衷,提升服务能级,但该规定对于具体的审核程序、审批的时间节点、审批的标准却未予明确规定。

（三）数据开放风险

数据开放共享的全面铺开可以充分有效利用现有的数据信息资源,减少重复收集工作,极大压缩数据搜集所消耗的人力物力资源成本。[1]但是,在现代社会中,政府部门出于维护安全、公共服务等需要,服务相对人的个人信息越来越多被政府部门收集和利用。这一两难局面在"一网通办"推行的过程中被进一步放大。在行使行政权的政府部门不断以对个人信息的需求换取公共服务的提升过程中,可能产生将个人信息用于不正当目的,或是过度侵犯、滥用个人信息的风险,而服务相对人却早已丧失对这些信息的掌控,甚至对于信息的收集、保存、处理、传递和利用整个过程一无所知,其对自身权利的维护便难以实现。借助"一网通办"形成的智慧政府一旦失去外部约束尤其是法治保障,将可能形成"透明公民—信息政府"的格局,给服务相对人基本权利造成极大侵害。

目前,国家层面缺乏政府数据开放基本法,仅出台数据开放的指导性文件《促进大数据发展行动纲要》,尚未制定专门的关于数据开放的法律,地方政府对此进行了一定尝试。2017年,贵州省颁布了我国第一部有关地方性政府数据开放的法规,即《贵阳市政府数据共享开放条例》;2019年,上海市颁布的《上海市公共数据开放暂行办法》,虽然对开放数据侵犯其商业秘密和个人隐私的处理做出规定,但对于处理不满时如何救济并未进一步做出规定。

1　《上海市公共数据开放暂行办法》第3条规定:"……本办法所称公共数据开放,是指公共管理和服务机构在公共数据范围内,面向社会提供具备原始性、可机器读取、可供社会化再利用的数据集的公共服务。"

五、"一网通办"的法治保障体系

目前，我国并无统一的"一网通办"立法，而是散见于相关的法律法规，立法分散、混乱，层级较低，且很多并非专门规制"一网通办"本身，只是在具体条款内容上针对其某一方面有所涉及。这样的立法机制无法形成统一的整体，指导"一网通办"的发展，还易造成各地建设标准不一、立法重复与冲突等弊端。

（一）规范数据获取，破除数据鸿沟

从宏观层面看，规范数据获取，破除数据鸿沟，改善"信息贫困者"信息贫乏的局面，首先要抓教育。可以通过教育政策倾斜，持续推动"信息贫困者"集中连片地区教育，提高"信息贫困者"获取、吸收运用互联网信息的意愿和基础能力，为实现互联网上的实质平等权提供软件基础。[1]具体可通过开展"进社区"，展示微博、微信、网上办事大厅和手机APP等政务服务平台；可通过"下基层"，提高基层民众运用政务服务平台的能力。从微观层面看，国家在提升"信息贫困者"整体应用能力的同时，还应考虑到存在的个体差异，尤其是针对接受能力弱的老年人和身心障碍的残疾人，对其应采取特殊的优待措施和服务内容。从法律层面看，完善、细化有关法律法规中涉及数据获取的条款，规范"数据获取权"的行使，可以在一定限度内缩小"数据鸿沟"。

（二）明确电子材料效力，提升利用效能

"一网通办"是为了让数据多跑路、群众少跑腿，方便自然人和法人办事，提高政府服务和办事效率。加快明确电子材料的使用效力，才能使今后行政审批系统通过调用电子证照库数据，实现数据的自动补全与数据校验，实现电子材料跨区域、跨部门、跨领域的互通、互认、互用，提升政府服务效能。前述数据管理中电子证照印章问题，在技术层面已完全能够获得解决，但还要通过以下途径来改进。

1. 加强与第三方企业的技术合作

国务院或地方政府文件要求积极开展全程网上办理的政务服务，实现"最多跑一次"或"只跑一次、一次办成"。因此，要有更强的技术支持。可以与第三方网络企业合作，通过移动端的人脸识别、指纹、电子签名等新技术，解决个人识别问题。甚至不妨制定相关法规或规章，明确规定许多争议或空白问题。例如，身份核验、网络实名认证的合法性和效力问题，明确其通过网络进行实名认证、身份核验等第三方服务运营商认证的法律效力。

2. 个人征信机制的运用与接入

目前，鉴于电子政务的签章效力在我国法律规制方面所存在的空白，单独依靠地方立法难以完善该制度。同时在复杂的市场环境下，不可避免会有市场主体在利益驱动下对填报内容造假。因此，电子签章的推广运用必须配合相应的征信制度，与严重失信主体名单衔接，建立有效的惩戒机制。

3. 制定完善相关法律规范

主要应包括以下方面内容：① 在统一接收和制作标准的基础上，在特定范围内认可行政相对人提供的电子数据和政府发布的各类电子证照的法律效力，使之能够等同于现场提交原件材料申请的效力。② 按照同一标准整合电子证照发放与电子印章使用系统，逐步认可符合《电子签名法》规定的可靠电子签名。③ 界定和处理恶意申请、非本人申请等问题，行政机关可以在办理行政相对人申

---

1 何渊.政府数据开放的整体法律框架.行政法学研究,2017,6.

请事项时,接受能够识别身份的电子方式的申请;[1]反之,则予以拒绝,并作出相应的处理。④ 对现行有效的相关法律、规范文件与"一网通办"推行相冲突的地方予以集中评估和修订。

（三）再造业务流程,提高审批效率

流程再造是优化政府内部工作流程的要求。"一网通办"的相关流程再造并不涉及影响行政相对人的程序和实体规范,而是在既有的法定框架内的行政能力建设,也是政府自我加压和高标准的体现。

1. 重构行政组织架构

"一网通办"在建设推广的过程中,同时应当重视行政效率的提高,解放行政机关工作人员的繁重负担。通过"一网通办"的信息化建设,也是为了缓解既有的行政压力。虽然现阶段在过渡期,可能需要有关部门的工作人员承担职能转型期间的习得,但要注意的是,不能为了信息化而信息化,倒逼工作人员承担线上线下两组工作量,要逐渐完善行政作业前端的无纸化办公配套制度。

2. 设置差异化办理深度

在"一网通办"平台建设时,应考虑部分业务领域保留传统审批方式,毕竟有些业务领域的事项不可能实现"一网通办"。不同类型、领域的事项上网办理深度应存在差异,不应简单追求数字,而要实事求是,从是否真正能够为行政相对人提供便利的角度来判定权力事项的上网深度。以发改委情况为例,在项目审批领域,使用企业自有资金的核准类项目和使用政府性资金的审批类项目,管理要求、监管重点等均差异较大,上网深度应区别对待。此外,需要点面结合,可重点聚焦群众反映度较高的办事事项,率先突破,提高网上办理的深度和便利度。

3. 优化预审审批流程

预审流程的梳理和优化是行政审批事项"只跑一次"升级改造的重点。一是通过立法明确职权与授权。通过内部文件的形式快速解决市区两级部门的相对集中行政审批权和窗口授权到位问题,明确行政服务中心和社区事务受理中心的业务指导关系,以及管理职能部门与对应审批部门的分工界限、职责定位与相互协同等。二是深度协调"一网通办"业务办理预审环节。预审环节应该作为办事的审核内容,在推进"一网通办"建设的过程中,只有对预审环节准确定位,才能最大程度实现数字化转型效能。不仅要求形式上实现"网上办事",更重要的是业务内容的支持,涉及事项的清单管理、要素的标准化、审批流程优化等内容。三是制定电子政务总体管理规范和相关标准。在"网络＋政务服务"标准化管理体系下,努力推动政务流程进一步优化、协同应用建设等,制定出台"一网通办"地方标准。

4. 强化事中、事后监管

在推进"一网通办"改革中,前端办事流程的优化、便利化,必然对事中事后监管提出更高的要求。建议以法规、规章或规范性文件的形式,清晰界定事中事后监管事项的范畴,做到权责统一,即每一项权力事项都应有监管职责,结合行政检查、行政处罚的职责开展有针对性的监管;[2]强化告知承诺后的事中事后监管,对事中事后监管联合惩戒适用范围、工作体系、实施程序及争议解决等进行详尽规定,并编制联合惩戒事项目录;规定监管责任主体的界定以及协同监管的实施上,以切分监管责任为原则,以协同监管为补充。

1　郑辉.推进"一网通办"的法制需求和对策建议.上海人大,2019,3.
2　何渊.智能社会的治理与风险行政法的建构与证成.东方法学,2019,1.

5. 统一权力事项的分类标准

"一网通办"不仅要求形式上实现网上办事,更重要的是业务内容支持。这主要涉及事项的清单管理、要素的标准化、审批流程优化等内容。为此,可以考虑制定电子政务总体管理规范和界定相关标准。在"网络＋政务服务"标准化管理体系下,推进政务流程进一步优化甚至再造、协同应用建设等,可先行制定出台一网通办地方标准。无论是行政审批、许可、行政权力事项,还是服务事项,首先应形成确定的分类标准,以及明确各类别具体的定义和内涵,再由唯一的牵头部门进行主导和分配,确保"一个来源、一口管理"。

（四）依法数据共享开放,保障安全和隐私

在政务数据管理运用的实践中,我国面临各类数据安全和数据隐私挑战,成为阻碍政务数据管理运用的最大瓶颈,也将是制约"一网通办"进一步推进的核心问题。如何平衡好政务数据的运用与数据安全、个人隐私间的关系,建立有效的预防机制和问责机制,是法律法规、政策、技术标准、管理制度制定及实施过程中必须考虑的问题。

1. 建立大数据中心的管理制度

各级政务部门的行政机关以及部分事业单位,主要是仍履行公告服务职能的事业单位在推行"一网通办"后,必然会形成海量数据。这些数据应由某一特定的政府部门或指定单位例如大数据中心来统一负责。该中心或类似机构的职能包括公共数据搜集、归纳整合、共享开放、应用管理并组织实施"一网通办"相关工作。职能整合需要行政流程的整体化和审批标准的统一化,在此基础上的网络协作又为数据共享提供了平台支持。因此,通过建立大数据中心,能够统一推进政府部门间的数据共享,提升政府各部门的数据融合程度。

2. 立法明确政务数据权属

"一网通办"的目的在于实现事权下放,数权上收,实现统一对外服务。可以通过专门立法进一步强化大数据中心的数据管理职权,明确政务数据的公共属性,即政务数据是国家财产,由本级政府行使管理职权,而绝不是某一个部门的财产,以此来改变政府各部门"条块分割"的状态。

数据的管理运用权属体现为：① 管控数据源头,在数据的采集环节规范采集权力的行使。需要明确数据的权力主体,大数据中心即可以本级政府名义采集数据,委托公共机构采集数据也应当按照授权。同时,政府可以采取柔性的合作方式向第三方市场主体采集数据。② 完善数据系统的管理。不同数据散布于各种系统中,而各系统将会逐步消亡,要统一归集,集中存储,实现系统的统一管理。③ 立法划分数据权利。在保障用益权的前提下,加强对数据的流通利用。④ 数据共享的管理责任。数据提供方的法律责任需要明确,在共享管理应用中保证责任可追溯,以共享为原则。数据的需求方、使用方权限问题,可以借鉴美国应用场景授权方式,每个部门根据数据应用场景进行数据共享,明确共享需求,有序共享。当然公众对数据共享的应用场景也应当有知情权。⑤ 促进政务数据开放。根据应用场景选择开放的方式,对于敏感数据通过第三方加密等方式保护。

3. 建设数据的标准化工程

数据共享和数据校核的统一标准,是为继续发展一网通办提供数据技术的基础。诚如前文所述,当前各级政府部门之间的数据共享壁垒并非主要技术原因,更多的是不同部门之间的数据保护和利益冲突问题。为解决这些顽疾,在不同部门间建设数据的标准化工程就迫切需要。通过建设统一的数据标准化工程,从数据源头上统一搜集、存储、更新、维护和使用流程和标准,从而形成一体化、标准化的"数据库"。这些统一标准的"数据库"将极大有利于日后不同部门的协同共享。就"一网通办"发展过程中呈现的问题和趋势,在目前的情况下,只能通过大数据中心的统筹来打破这种僵局,以其主导来制定一系列的共享数据的形式、程序、格式、责任等标准规范。

4. 数据共享开放的限度及其保护

既然政府要充分获取、管理、共享和开放数据,那么相对应的,也要确保涉及相对人或者公共利益的数据得到充分保护。数据开放共享是一把"双刃剑",必须限制在一定范围内,否则必将造成个人或企业信息泄露、被滥用。因此,严格依法设定数据开放和共享的限度尤为重要。数据共享和开放的限度主要体现在三个方面:① 数据共享和开放要依法,对外严格遵从法无授权即禁止,对内则要通过内部规范积极、灵活创制共享规则,对有争议的数据共享和开放事项,须依法申请上级部门许可。② 数据共享和开放要以数据安全为限。政府部门掌握的是企业或民众办理事项所留下的数据,其中不乏有关个人隐私或涉及商业秘密,如果这些个人隐私和商业秘密发生泄露,将会给当事人或公共利益带来损失或风险。因此,政府部门间的数据共享及面向社会的数据开放,要完善倒查追踪机制,利用数据技术对共享的数据加密处理,以确保数据安全;同时赋予当事人对有关部门处理结果不服时的救济途径。数据共享和开放要控制在合理范围之内,以必要性为限。很多数据涉及个人甚至公共安全。因此,数据共享和开放应建立在保证数据安全基础上,然后在一定条件和范围内共享和开放。需要制定共享和开放清单,对不同类别的数据"差别"对待,分类共享。

如前所述,我国在政务数据利用、隐私保护、知识产权保护等方面政策和法律较为多元,但已对政务数据的共享和开放的顶层设计提出了任务和目标,制定了相应的规划和步骤。各地方政府也先试先行制定了一些地方性法规,在规制数据共享和开放,防护数据安全、保护个人信息安全等方面起到一定作用。但仍需要深入讨论数权的定位和切割,明确政务数据的权属;厘清数据安全、隐私防护的主管部门及其应承担的权责;对共享和开放数据的行为进行规范和约束;实施完善的个人数据利用告知和授权策略;界定各个环节的安全边界、安全和隐私保护权责、保护技术措施等以保护不同领域用户的个人隐私;制定能够完整覆盖政府数据管理全生命周期的数据管理和利用政策;明确数据利用的边界和权利及保护对象;明确政府数据利用潜在的安全和隐私风险及其防护要求;开展数据安全和数据隐私风险评估及检测措施等。

政府内大数据的价值：以"智慧城市"为例

[新西兰] 卡尔·洛夫格勒　[英] 威廉·韦伯斯特 著
汤孟南编译*

摘要： 大数据的出现为利用数字技术提供公共服务和实现数字治理增添了新的可能。文章通过"价值链"方法探讨了数字治理研究的演变，以及数据分析（即大数据）在当前的发展。作者认为，有关大数据研究的文献大多集中在电子政府理论方面。这些研究有助于从服务提供和政策制定方面，反思大数据的发展前景。此外，作者指出，大数据的发展还带来了数据质量和可靠性、数据所有权、数据监管和隐私等问题。这些理论和问题有助于评估大数据在政府和智慧城市环境中的价值。

关键词： 大数据；智慧城市；公共价值链；价值链分析；电子政府；隐私

一、导　语

数据分析或"大数据"被认为将从根本上改变社会。当前以全新方式收集、挖掘、存储和处理数据的数字化导向的大数据实践愿景已经确立，并且与公共政策和服务提供的后续转变密切相关。与大数据相关的实践，特别是围绕机器学习、自动化决策和预测算法的实践，正改变着公共服务决策者和提供者如何展望未来技术在智慧城市等服务领域所提供的方案。作者认为，若考虑数据分析在政府设置和切实利益实现中的实施，当前的讨论反映了基于科技理性的技术官僚议程。公共服务提供常常与获取公民数据的商业野心联系在一起，这使得效率、安全和保障等工具价值凌驾于透明、公平等公共价值之上。在治理方面，与企业的看法一样，公共部门也应该学习私营部门进行科技部署的"黄金标准"（gold-standard）。然而作者认为，公共部门学习私营部门技术部署的方法忽视了公共部门的完整性、制度规范和价值，以及公共组织在维护法治、政治中立、民主控制、问责和确保其他非经济性公共价值方面的独特性。

本文结合数据分析在智慧城市环境中的运用，探讨了数据分析在政府和公共服务设置中的当代应用。通过"价值链"视角，本文对大数据技术和其实践部署进行了评估。此外，作者还表明本文所

* 作者简介：[新西兰] 卡尔·洛夫格勒（Karl Löfgren），新西兰惠灵顿维多利亚大学政府学院；[英] 威廉·韦伯斯特（William Webster），英国苏格兰斯特林大学斯特林管理学院。

使用的价值链方法凸显了在链的不同点出现的不同挑战、在此过程中参与者的不同角色以及智慧城市数字领域中的公私部门如何保持紧密结合。

二、大数据和智慧城市

在描述城市领域的数字和技术投资时，"大数据"（或数据分析）和"智慧城市"的术语可以通用。作者采取了对政府和公共服务环境较为敏感的批判现实主义方法，并以此强调在这种环境中使用大数据技术的后果。其目的在于凸显大数据技术、参与者和制度（institutions）之间错综复杂的关系，并强调使用这些技术可能产生的问题和后果。通过运用价值链概念模型，作者对大数据如何创造公共服务价值以及区别该过程的不同参与者和机构进行了梳理。

（一）智慧城市

企业对大数据和智慧城市早期的讨论与实践有明显相似之处。IBM是最先使用"智慧城市"概念的企业之一，并在2011年获得了"智慧城市"的商标。哈里逊（Harrison）等人[1]指出，在"感知化互联化和智能化的城市"中，利用传感器与物联网（IoT）等技术进行数据分析，可以得到更好的决策和服务。虽然这可能是一个"企业叙事（corporate story-telling）"的例子，但它确实体现了全球对智慧城市概念的认知与认同——尤其对于政治决策者和服务提供者而言。智慧城市有三大好处：① 资源的高效利用；② 生活质量的提高；③ 透明度和开放性的提高。韦伯斯特（Webster）和勒勒克斯（Leleux）[2]认为，智慧城市概念被用来描绘各种不断发展的城市实践。他们认为，这些技术可以加强与公民的合作，并为公众支持和公民参与开辟新的途径。智慧城市的实现基础是对信息和通信技术的充分利用，更具体地说是对数据分析的充分利用。不过，作者认为，智能社会的形成不能仅仅靠技术，还需依靠社会投资、公民行为的改变以及公民的参与。

（二）大数据

数据分析的潜在好处很早就为人所知，但直到与机器学习、自动决策、人工智能和物联网有关的技术进步其有效性和适用性才得以增强。人们似乎普遍认为，大数据会为管理和分析大量结构化与非结构化数据带来新的可能性。

作者认为，当前关于大数据和智慧城市的非技术性学术研究仍处于萌芽和起步阶段，内容偏重研究利用技术来实现某些乌托邦的愿景。针对城市背景下数据使用带来的诸多问题，越来越多的文献对此进行了更具反思批判性的思考。单一的创新案例（主要来自美国）往往被视为公共政策制定和管理所能实现的更广泛变革的指标。但作者认为，当企业所讲述的"创新"（所谓的"企业叙事"）为广泛的学术受众所知时，实际的创新通常已经被组织者取消，或者被证明无法产生预期结果。包括维护核心公共价值在内的公共部门的理念和功能，往往为了提高效率和获得顾客满意而被忽视。

三、大数据和智慧城市的挑战

作者首先对"价值链"模型及其应用进行了介绍。价值链将组织的一般增值活动进行了分类。

1 Harrison C, Eckman B, et al. Foundations for smarter cities. IBM Journal of Research and Development, 2010, 54(4): 1–16.
2 Webster CWR, Leleux C. Smart governance: Opportunities for technologically–mediated citizen co-production. Information Polity, 2018, 23(1): 95–110.

该方法是一个简单的线性模型,它对产品或服务的创建与交付过程中一系列连续活动进行标识。在商业领域中,这种方法通常与满足消费者需求进而创造价值有关。而在政府领域,价值链可运用于政策制定和服务提供实施阶段并在此过程中创造价值。在公共服务领域,价值是通过服务使用者或消费者来实现的。这是因为,在更广泛意义上,许多公共服务是社会的公共产品。

在商业领域,价值链有助于分析人员搞清楚推动目标实现的组织活动的顺序。产生价值的活动往往出现在生产过程的不同节点上。它们因产生金融资产、知识资产、信息资产、专业知识和技能,并帮助组织实现其最终目标而被视为实现了"增值"。在公共服务中,价值链分析可用来识别在政策和服务交付过程中相互连接的相关活动链。这个链条可能涉及政府机构、公共服务提供者、私人承包商和服务使用者。作者提到,此处的价值是多维的,因为它被认为是为服务使用者、直接消费者和广泛社会所实现的价值。在智慧城市中,新的公共服务提供者和商业伙伴的交付机制使得价值的受益者更加复杂。这就引发了关于对数据的控制、所有权和访问权限,以及价值是否被商业利益所私有化了,抑或是通过公共机构而得以保留的问题。此外,公共政策和服务环境的复杂性也指向另一种方法,即价值链分析可以被视为帮助创造价值。作者随后举了需要跨部门跨领域联合才能解决问题的例子,并进一步提到一个观点:相关机构联合不仅能实现更好的服务,使消费者和社会受益,而且当它们合作寻找政策和服务解决方案时,还可能会带来一种无法量化的程序价值。

作者提到,价值链分析还可以通过将生产过程分解为一系列相互关联的活动,来确定链条中的哪个环节没有充分发挥作用、产生了问题或阻碍了价值创造。在本文,价值链分析作为识别构成价值创造环节的参与者、组织和活动的工具,以凸显在某个环节中明显但在广泛过程不太容易识别的问题。图1展示了价值链过程中通用链。这一模型,可以帮助确定链条中不同阶段的不同参与者、行为和活动,从中探索其动机与其他既得利益。简单性是该方法的优势,同时也是其劣势。对该方法持批评态度的观点认为:模型的不同阶段不是按顺序发生的,而是相互交织在一起的;过程是循环的而非线性的;对价值的追求会低估影响选择的其他组织力量;且在现代商业环境中,聚焦于有形价值成果是不切实际的。

通用价值链模型:

识别顾客需求 → 识别市场&供应商 → 设计&生产 → 运输交付 → 满足客户需求

公共政策和服务提供价值链通用模型:

政策问题(社会性议题) → 政策输入 → 政策分析制定 → 政策实施执行 → 服务提供&消费 → 满足社会性议题

大数据价值链通用模型:

收集数据 → 储存数据 → 分析处理数据 → 使用数据攫取价值

图1 价值链模型路径

价值链可以适用于运用新技术的产品和服务:在商业领域,关注技术的价值链模型出现了"虚拟价值链""创新价值链"和"知识价值链"等变体。这些方法在公共服务中得到了体现,与电子政务

（eGoverment）相关的转型就应用了价值链方法。本文采用的方法是发展中的价值链模型，价值链从收集、处理和使用信息的过程中提取社会和（或）个人价值，以便提供更好的政策和服务。围绕大数据的价值链包含了4个顺序相连的活动，从数据收集/挖掘到存储、分析再到使用。表1展示了智慧城市中大数据价值链的不同阶段，包括使用示例和关键参与者。虽然价值链模型旨在突出价值创造，但在智能城市大数据的情况下，本文将其用作识别价值创造过程不同阶段的参与者和活动的工具。因此，该模型是一个工具和一个分析框架，以用于识别在智能城市环境下，当大数据用于公共政策和服务时，所出现的一系列治理问题。

表1突出了价值链每个阶段中活跃的不同技术和参与者。表中的差异是指每个阶段中的不同形式，如自愿、观察和强制数据挖掘形式之间的差异。具体案例则包括与交通（例如，交通流/交通灯）、公共安全（例如，生物安全数据）以及能源和可持续性（例如，电力供应水平和实际使用）有关的项目。对代理的关注解决了大数据的用户和生产者的问题，并有助于确定责任和既得利益。作者在对该表的初步解释中点明，参与者包括公私两种性质，而不同性质的参与者需要充分考虑他们所承担的不同角色与他们参与的不同动机。作者还提到，公共服务提供者在智慧城市背景下也会面临到技术能力、员工技能和资源的匮乏等传统问题所带来的挑战。

表1　智慧城市中的大数据价值链

行为	1. 收集数据	2. 存储	3. 分析	4. 应用
技术（案例）	社交媒体，物联网，传感器/摄像头，智能设备，现有设备群（如人口普查）	分布式数据库"云"	数据挖掘，机器学习，算法，社交网络分析，可视化	商业分析方法，公民档案，预测，开放数据
差异	自愿、监视、推断和强制（具有法律约束力）	内部数据存储、外包数据存储	数据分析、商业分析	商业分析，直接应用
智慧城市案例	闭路电视和其他摄像机、移动设备使用、传感器、公共交通智能卡等	多源头收集和聚合原始与非结构化数据	多来源数据分析	运输管理系统，商业预测，特定公民群体
参与者	公共部门机构、IP/电话公司、社交网络、私人零售商、数据供应商	搜索引擎供应商，社交网络，数据掮客，"云"	搜索引擎供应商，分析企业，政府研究代理人	政府，承包商，社交网络，商业利益群体，服务使用者，公民

表2　智慧城市大数据价值链相关问题

行为	1. 收集数据	2. 存储	3. 分析	4. 应用
潜在问题和担忧	数据质量，数据回收，不完整的数据集，数据的可靠性，数据的代表性，重新调整用途的数据，数据不平等，个人数据的扩展，数据的过度收集（海量监控），数据的合法性	安全性，数据访问，记录管理，数据销毁，存储容量，数据保存，敏感数据保护，数据匿名化，数据保护要求，访问和透明度，标准化	集成不同的数据集，算法的可靠性和公平性，获取数据分析技能，解释数据科学，满足商业和公共服务价值和逻辑，将数据分析集成到公共服务上下文中	数据（特别是新数据）的所有权和控制权，知识产权，信息公开政策，数据保护要求，信息同意，隐含或明确性，大规模监视，重复使用数据，公平性和透明度

（一）价值链第一步：数据收集

1. 数据质量

第一个挑战是关于数据收集过程的复杂性以及数据是如何构成和使用的，尤其是数据收集的主体和目的。在智慧城市背景下，不同的数据集在收集过程中可能会涉及不同的利益相关者。作者提到了三种数据来源：一是个人用户、消费者和公民，将个人数据作为使用某项服务的交换而自愿分享的数据；二是数字交易时，自动收集的数据；三是为特定目的收集的数据被用于不相关目的推断数据源。当前，包括行政数据、服务数据和个人数据在内的数据，已经被大量收集。

不同性质的主体在收集数据过程中遵循不同的逻辑。刘（Liu）等人[1]认为，私人利益相关者在数据收集过程中会优先考虑利润产生而非专业标准。因此，收集程序是为了实现商业目的而设计，并且收集结果也会因收集目的的不同而有所差异。同样地，私营部门尤其是社会媒体，缺乏重视质量和公平的动力，而且还可能为了利益改变抽样和算法过程。

此外，从智慧城市背景下的移动设备检索的数据往好了说是不完整的，往坏了说是不准确和不可靠的。因此，作者认为，尽管这些使用移动设备获取的数据越来越多地用于为智慧城市背景下的公共政策和服务提供信息支持，但人们并不能够完全依赖这些数据。

最后，在数据收集方面，用户或公民产生的数据本身也是一种挑战。在智慧城市中，市民被视为"数据"的重要生产者。（市民所提供的数据可分为社交媒体数据和公民因科学和社会目的而自愿提供的"公民科学"数据）在这两种情况下，公民生成的数据都被用来为公共政策和服务提供信息。例如，类似 Open Street Maps 之类的定位显示平台应用与智慧城市的关系越来越密切，这类应用可以收集市民数据以及提供导航服务。然而，以这种方式收集公民数据引发了许多问题，例如企业可能出于商业考虑而收集信息来推动社交平台的可供性。此外，由于数据的某些特征比其他特征更容易收集，因此存在抽样偏差的倾向，从而导致数据质量的问题。刘等人认为诸如 Open Street Map 这样的平台存在着偏见，因为它们只提供了富人和富人地区的详细地图，穷人和不太富裕社区的信息则不甚完整。

2. 数字不平等造成偏见

公民与服务用户在使用和获得数字技术方面存在不平等，这反过来造成了智慧城市数据收集过程中的偏差。对新技术用户的大量研究证明，使用新数字技术以及接入适当平台（如宽带和互联网）是需要一定能力的。作者提到，年龄常被认为是最重要的人口因素，当数据未能包含所有年龄段群体的数据时，依靠这些有缺失的数据所制定的公共政策可能不具有代表性。重要的是，这种使用上的偏见并不意味着年轻用户对技术的使用更有效或更具有代表性。虽然关于"数字原住民（digital natives）"[2]的说法很普遍，但年轻用户对技术更敏感这个观点已经被批判。许多年轻用户在如何使用新数字技术方面并不具有完全"精通（native）"的技能和能力。此外，作者还提到，社会经济的巨大不平等限制了某些群体对新技术的获取和使用，使得用户在如何留下"数字足迹"方面存在巨大偏

---

1 Liu J, Li J et al., Rethinking big data: A review on the data quality and usage issues. ISPRS Journal of Photogrammetry and Remote Sensing, 2016, 115: 134-142.
2 数字原生代是指有数字读写能力和数字活动能力的人。

差，从而导致大数据分析使用的数据不具有代表性。正如博伊德（Boyd）和克劳福德（Crawford）[1]指出的那样，把"民众（people）"和"推特用户（twitter users）"当作同义词是错误的。此外，鉴于他们代表不了有吸引力的顾客群体，商业行为者及其数据收集模式对较不富裕的社会群体的观点和行为缺乏兴趣。

3. 隐私和同意

作者认为，智慧城市大数据背景下的隐私问题在使用阶段尤其重要，不过，数据收集中的隐私问题也引人关注。鉴于数据来源的多样性，尽管在不同的地方关于同意的规则会有所不同，大量数据通常还是在未经同意的情况下就被收集。不过这非大数据特有的问题，而是智慧城市发展中不可避免的。数据的"过度收集"会给个人隐私带来潜在风险。然而，由于传感器设备的多样性、数据采集的来源多样以及未来数据处理的无限可能性，作为当代隐私范式的"隐私自我管理"或"通知和同意"（notice-and-consent）在智慧城市环境下是无法实现的。当前很多数据实践似乎与欧洲和国家数据保护立法中规定的基本数据保护原则不符。

（二）价值链第二步：数据存储

1. 安全

作者指出，数据安全相关的问题因数据量的增加而被夸大，大规模数据泄露频率的增加也证明了这一点。无论数据是集中存储还是分散存储，大量互连数据的收集都会使其易受攻击并面临安全挑战。在大数据环境中，与应对防篡改、恶意内部人员、数据丢失、系统故障和数据泄露的等有关的数据挑战日益突出。其中，如何在非结构化的数据集中识别、隔离和保护敏感的个人信息是最重大的挑战。云计算的广泛使用加剧了这种担忧。

2. 访问和透明度

任何对访问存储数据的讨论也是对智慧城市数据处理中公私部门关系和状态的讨论。智慧城市中，收集和存储数据的最终责任可能是由公共部门和一些私人主体共同承担的。但作者指出，这些做法带来了许多问题，例如如何在结合不同数据集的同时确保数据质量和完整性。此外，还有人质疑，与私营公司共享公共服务数据是否意味着公共部门不用承担因违反道德标准而造成的责任，以及私营部门公司的数据处理规范和做法是否要做到像公共部门的数据处理规范和做法一样好。

作者还提到一个问题其数据来自于公共服务数据集：私人部门是否可以拒绝其他人访问，并拥有对该数据集的所有权，并与第三方进行交易。"开放政府数据"（open government data）的全球性运动认为，增加对政府数据的访问将带来更大的透明度、更好的数据使用和商业机会。然而，詹森（Janssen）等人[2]指出，认为让政府数据具有可获得性可以创造公共价值的想法存在着许多迷思（myth）。首先，涉及敏感信息的数据不适合向大众公开，因为它不仅违反了基本的数据保护原则，而且可能会对公民个人造成伤害。其次，由纳税人资助的数据收集和存储工作为何要免费交给商业主体这一点也并未厘清。最后，如果这些企业在法律上被要求免费交换这些数据，那么就会有损投资收集、记录和编目数据的动力。

1　Boyd D and Crawford K, Critical questions for big data. Information. Communication and Society, 2012, 15(5): 662-679.

2　Janssen M, Kuk G. The challenges and limits of big data algorithms in technocratic governance. Government Information Quarterly, 2016, 33(3): 371-377.

（三）价值链第三步：数据分析

1. 数据集不兼容/缺乏标准

作者指出，在价值链的分析阶段，与所涉及的组织和技术存在着一系列的技术、组织、语义和法律标准的问题。大数据的核心前提是利用算法和其他大数据程序以新的方式整合不同数据集，从而为需求方提供新的建议和服务。在智慧城市中，这可以包括与交通流量、社交媒体活动和其他感知设备相关的数据，这些数据可以为当前事务状态描绘出一个"更丰富的"的景象。尽管这是为信息系统学者所熟知的大数据核心前提之一，然而组合不同形式和数据源非常具有挑战性，往往超出现有数据集成技术的能力。这不仅是一个技术和语义（semantic）问题，这也是关于使用不同数据集在组织、政治和法律差异上的问题。

2. 相关性不是因果关系

大数据被广泛认为将彻底改变研究和预测人类行为的流程。有了足够的数据，数字就会"不言自明"，如果总量可以分析，那么就不需要理论、框架和模型。但数据需要人来解读。关于研究方法的经典表述是相关性不是因果关系。作者认为，当前数据分析师存在一种只考虑相关性的趋势。对此拉泽雷亚尔（Lazeretal）[1]曾以谷歌预测流感失败为案例，认为大数据需要小数据和基础社会科学来作补充。

3. 算法的力量

准确的预测和预测算法的可靠性是大数据的"圣杯（holy grail）"[2]。这些算法有能力"实时"提取并阐明未来人类行为的重要模式。在设计算法时，计算机和/或数据科学家以及他们的组织保留了制定数据处理目标的特权。对大多数人来说，这些算法不透明且难以分析或解释。算法是更广泛的社会技术集合的一部分，用于构建、恢复和设计权力与知识体系。换句话说，设计算法的过程可能会加强微妙的制度偏见，这种偏见反映了主体所工作的环境。作者提到，和人们认为数据在公私部门之间流动不同，私营商业主体才是数据分析的主要参与者。当公共服务决定外包数据存储和分析时，就有可能预测到公共服务价值主导向消费主义导向的缓慢转移，这种转移依赖并与预测消费者行为而非公民需求的算法相一致。帕斯夸莱（Pasquale）和布拉恰（Bracha）[3]认为，算法的"黑箱"削弱了个人自主权，因为算法"以塑造和约束他人选择的方式控制信息流动"。一些文献和实证研究表明了算法产生意外偏见结果的方式。这种偏差可能不是故意的，但结果是因计算机介导（mediated）的算法带来的明显差异化决策而产生。在治安领域（the law and order arena），算法偏见问题出现的概率就很高。这种偏见的存在增加了对算法透明度和问责制以及普遍公平的治理担忧。

（四）价值链第四步：运用

1. 知识产权

在价值链的最后阶段，在智慧城市背景下使用大数据涉及许多版权问题。除了涉及版权软件、源

1　Lazer D, Kennedy R, et al. The parable of google flu: Traps in big data analysis. Science (New York, N.Y.), 2014, 343, 1203-1205.

2　圣杯原是《圣经》中的概念，传说喝下用此杯装的水能够实现返老还童、死而复生以及永生。本文中作者旨在表明准确的预测和算法的可靠性实现起来难度很大，离决定性突破仍遥遥无期。

3　Pasquale F, Bracha O. Federal Search Commission? Access, fairness and accountability in the law of search. Cornell Law Review, 2007, 93: 1149-1191.

代码、算法和数据库的已有法律纠纷的老问题，还有在智能城市背景下出现的新问题。例如谁拥有整合后数据集的所有权、控制权和使用权。此外，商业参与者是否能够将这些"新"数据商业化，并将其有偿出售也是一个问题。这个问题与早些时候关于开放政府以及政府行政与非政府参与者的服务数据的合作前景的讨论是一致的。它还涉及社交媒体平台产生的个人数据的所有权问题的宏大议题。

作者提到，当涉及到政府的监控能力和政府机构是否有权搜索嵌入商业数据集——作为大数据智慧城市的一部分而被创建——的个人信息时，还经常出现一种与此相反的说法。虽然大多数人似乎接受通过共享个人数据换取免费访问社交平台，但是仍然存在着构想用户生成数据再分配的新机制的可能性。此外，还有"公共资源"的治理问题，与所有权引发的关于控制和确保数据准确性的责任问题。

2. 隐私和监测

虽然对个人隐私的保护贯穿于整个大数据价值链，但作者认为最突出的问题可能出现在价值链的末端。大数据支持者认为，大数据是包含大量数据的聚合数据，因此在默认情况下它是匿名的。不过，这是一种误解。重新识别被认为对个人隐私所构成的真正威胁，这一点在技术上不难实现。熟练的数据分析师通常只需要数个个人信息数据源就能在大数据集中"重新识别"个人。

作者也提到了为其他目的收集的数据的回收和重用问题。大多数隐私和数据保护条例的核心原则是告知数据当事人收集数据的目的，并要在共享信息时获得同意。大数据和智慧城市的整体意义在于最大限度地增加数据量，以增加数据集的价值。所以作者提出了如何定义"公共"和"开放"数据，以及如何观察、告知和实现同意的问题。博伊德（Boyd）和克劳福德（Crawford）认为：可访问并不意味着它是道德的。一个典型的例子就是在公共服务中使用和重复使用社交媒体数据。社交媒体数据可以随时获得，无须事先获得许可，因为用户同意使用这些数据是嵌入在服务用户协议中的。尽管大多数社交媒体数据都是个人数据且受到数据保护原则的约束，但还是出现了这种情况。为此，作者还提出了一个很重要的问题：智慧城市作为一个整合不同数据源的城市系统，谁将为服务故障和数据泄露负责。

四、结　语

文章所采用的价值链方法展示了智慧城市背景下，大数据实践所带来的挑战在价值链的不同阶段而有所差异，这对区分数据分析的阶段是一个有用的分析工具。另外，作者认为隐私问题应该成为所有关于扩展大数据过程讨论的中心。此外，作者还表明，不同的担忧与技术成熟度或技术能力无关。除了技术问题之外，那些幼稚地认为技术进步是中性的，从而忽略政治、社会和经济制度和规范的意义的看法也引人担忧。

价值链在智慧城市运用大数据中的应用，凸显了商业实体和公共部门实体之间密切交织的关系。新的数字领域既包括混合数据处理，也包括价值、流程和机构的合并。二元的公私划分不再存在，公共服务和政策的效果是具有竞争动机和价值观的多个组织相互作用的结果。鉴于作者在本文提出的挑战，这一应用似乎不大可能为各方创造"价值"而不损害另一方的"价值"。

价值链方法凸显了这个过程中每一个阶段或每一个环节的一系列问题和挑战，尤其是当价值链与政府或智慧城市发生联系时。作者描述的挑战并不是要反驳智慧城市中数据分析的潜力。相反，这些挑战显示了为管理大数据革命提出一些建议和策略，以维护公众利益的必要性。智慧城市背景下的大数据应用发生在一个高度碎片化的空间,公共和私人行动者被预设是协作的,并从数据中获取价值,以提供更好的公共服务和政策。在某种程度上,数据保护法、知识产权和数据共享协议的建立,为有效监管该领域提供了法律保障——不过,在责任和问责制方面的建设依然任重道远。与其提倡对紧密结合的公、私主体进行效果不明的正式管理,不如将注意力集中在可以改进的领域和做法上,从而在大数据中获取更多"价值",并保护和提升核心的公共价值。

作者最后将文章的主题总结为,在智慧城市的背景下,公私部门中的参与者如何相互作用,从而构建智慧城市的根基和基础设施。虽然许多智慧城市的应用已经证明了技术上的挑战是可以克服的,但真正的问题是如何处理组织差异、治理和法律问题。这不仅是智慧城市中的当地参与者的问题,也是地区/省、国家,乃至跨国治理机构的问题。长期来看,正式的国家和跨国管制很可能会出现,但即使出现了也依然需要许多年才能正式确立和制度化。作者认为需要建立基本的最低限度的自律原则:① 智慧城市中使用的数据质量标准;② 有关私隐和资料保护的道德标准;③ 关于非结构化和结构化数据所有权的更明确政策;及④ 就储存资料的安全及保护达成一致的标准。这些标准应该基于地方/城市政府和主要商业体之间的自愿协议,最好是在隐私"监督者"的支持下建立。

此外,围绕大数据分析和智慧城市的讨论需要超越科幻小说中的推测性和技术决定论的空间,而进入城市空间的未来以及如何在复杂的城市环境中有效使用数据分析的讨论。作者认为,很多对大数据和智慧城市的夸大其词扭曲了政治决策,而非支持政策过程。相对于技术本身的成熟,这更像是话语的成熟。电子政府(eGovernment)花了大约10年的时间才放弃了这个乌托邦式的空间,转而对公共部门提供在线服务的现代形式进行了更"冷静"的讨论。作者点明,人们的愿望是有关大数据和智慧城市的论述能更加现实。如果要实现个人和社会价值,就需要在其制度环境中理解大数据,并消除它的影响和后果。这种批判性的现实主义强调了大数据实践的社会技术整合,以及如何在智慧城市的背景下进行实践。换句话说,大数据的真正价值不能仅从技术或商业角度来理解,而应该与组织和机构的实践更加紧密联系起来。

算法的社会科学研究

算法政治：算法权力对政治学研究的影响

高奇琦　周荣超*

摘要：算法实质上是用逻辑与规则解决问题的一种方法。算法应用于计算机智能领域，增强了智能体深度学习的自主性能力。随着算法应用场域的延伸，算法权力深刻影响和塑造了现实中的政治选举、政治偏见与群体政治态度，民主政治凸显出算法政治的特征。由算法权力运用导致的"算法民主"与"算法霸权"问题，也日益成为政治哲学层面关注的问题。算法在撬动政治决策方式变迁与发展的同时，也促进了计算社会科学方法在政治学研究中的广泛应用。由于"算法黑箱"的存在与技术不透明，算法偏见与算法霸权难以避免。以马克思主义政治学为指导，高度重视算法意识形态功能，重视算法的伦理规则制定，提高算法治理能力，是指导政治学研究适应新形势发展的迫切需要。

关键词：算法政治；计算权力；政治学研究；影响

算法通过对数据的训练学习来发现规律，通过科学预测进而引导或诱导公众做出价值判断与公共选择。算法的"能量"与"权力"越来越大，已成为政治学研究绕不开的话题。本文讨论的核心问题就是算法作为计算机智能的灵魂和主线，算法化的权力会对政治学研究产生什么样的影响。全文共分为5个部分：第一部分是算法的发展史、本质与代表性框架；第二部分是算法对政治的三个具体方面影响；第三部分是算法对政治哲学研究的影响；第四部分是算法对计算政治科学研究的影响，第五部分在前面分析的基础上，从理论指导、伦理规则与治理能力三个面向，探讨算法政治的可能构建路径。

一、算法的发展史、本质与代表性框架

关于算法的讨论，主要从算法的发展史、算法本质及算法代表性框架来展开。在算法发展史方面，从谱系学和词源学角度分析，算法在中外文献中都有记载。在中国，公元前一世纪，算法概念记载于古代数学专著《周髀算经》。作为我国古代数学与天文学著作专著，该书记录了有理数四则运算法

* 作者简介：高奇琦，华东政法大学政治学研究院；周荣超，华东政法大学政治学与公共管理学院。

则、勾股定理等数学运算法则。在国外，公元825年，阿拉伯数学家阿科瓦里茨米在《波斯教科书》一书中，概括了进行四则算数运算的法则，而后来"算法"（algorithm）这个词语也就源自于他的名字。从时间和空间上来看，自20世纪以来，算法在西方国家获得迅速发展。譬如，1936年，英国数学家阿兰·图灵（Alan Turing）提出了一种抽象的图灵计算或者图灵计算机模型，即通过构建机器人进行数学运算，来替代现实中人们用纸笔来计算。随着时代的发展，图灵计算机又相继引入了读写、算法和程序语言等理念，在理论与实践上推进了现代计算机计算性能的改进与提升。1956年，科学家们在达特茅斯会议提出了人工智能的概念，科学家们基于现实的技术进步与发展趋势，想象和渴望机器来模仿人类进行学习，最终能够使智能机像人类一样思考和行动。新世纪以来，随着算法自身的迭代更新，算法在推进智能技术进步过程中越来越占据主导地位。

算法的本质目前有如下几种理解。首先，算法是一种数学结构。正像美国认知科学家罗宾·希尔（Robin K. Hill）所指出的那样："算法是一个具有有限、抽象、有效、复合控制结构的数学结构，是在给定的规定下实现给定的目的。"[1]其次，算法是一种程序或规则。规则是一系列指令的有限序列，它的每一条指令表示一个或多个操作，告诉计算机该做什么。任何程序或决策过程，都可以在公共话语的语境中被称为算法。美国计算机科学家尼古拉斯·尼葛庞洛帝（Nicholas Negroponte）在《数字化生存》一书中指出："计算不再只和计算有关，他决定我们的生存。"[2]再次，算法的运算逻辑与方法指明了智能机器想要达到的目标，而且也指出了实现的具体路径，那就是要在"有限的步骤内解决问题"。[3]

目前，有关算法的认识，大致可以分为5种，即"符号学派、联结学派、进化学派、贝叶斯学派和类推学派"。[4]

第一，符号学派是把所有信息都进行抽象表达，通过简化为操作符号来进行，类似于数学家解方程的过程，在解的过程中，用别的其他的公式来替代原有的公式。逆向演绎是符号学派的主要算法。在德国哲学家恩斯特·卡西尔（Ernst Cassirer）看来，"符号化思维与符号化行为更是人类生活世界中最富于代表性的特征。"[5]符号是现代社会传播媒介与社交介质，现代社会的重要特征就是一切事情倾向于用简单抽象的符号化来表达和运作。

第二，联结学派主要是对大脑进行逆向分析，依靠调整神经元之间连接的强度来展开学习过程，同时，在神经元调整的过程中，不断找出哪些连接导致了误差，从而能够纠正这些误差。反向传播是联结学派的主要算法。

第三，进化学派是在计算机上模拟进化，它是在反向传播调整参数的基础上，不仅调整既有参数，而且还进一步提升，创造大脑微调参数。进化学派的主要算法是遗传算法。

第四，贝叶斯学派主要是运用统计学知识，关注问题的不确定性，利用概率推理方式来进行学

1　Robin Hill. What an Algorithm Is?. Philosophy & Technology, 2015, 29(1): 47.

2　［美］尼古拉斯·尼葛庞洛帝.数字化生存.胡泳译.海口：海南出版社,1996,15.

3　Tarleton John Gillespie. The Relevance of Algorithms[M]//Tarleton John Gillespie, Boczkowski Pablo J, Foot Kirsten A. Media Technologies: Essays on Communication, Materiality and Society, Cambridge, Massachusetts: MIT Press, 2014, 167-194.

4　［美］佩德罗·多明戈斯.终极算法——机器学习和人工智能如何重塑世界.黄芳萍译,北京：中信出版社,2016,53.

5　［德］恩特斯·卡西尔.人论.甘阳等译.上海：上海译文出版社,1985,35.

习和解决问题。主要算法是贝叶斯推理。

第五，类推学派是在不同场景中寻找相似性，并根据这些相似性进行推理，推断出其他场景中的相似性，判断出两个事物的相似程度，进行外部推演是解决问题的关键。主要算法是支持向量机。

实践中，每种学派都遵循不同的算法逻辑，通过"表示方法、评估、优化"三个部分实现各自的"机器学习"过程。由于每种算法都存在解决问题的技术缺陷，所以这些算法有些在工作中能够有效运用，有些不能有效运用，具有较大局限性。反映在政治领域，就体现出不同的价值偏好与理念选择。比如，符号学派在政治哲学上体现的是一种自由主义倾向，进化学派体现的是社会达尔文主义倾向。

机器学习是与模仿人脑思维机制和学习机理密切相关的。从本体论上讲，学习能力是人类获取知识的重要能力，是人作为高级动物以区别于其他生物体的根本特征；从认识论上来看，学习是从感性知识到理性知识、从表层知识到深层知识的规范化过程，是发现事物规律并上升形成理论的过程；从方法论上来说，学习的方法多种多样，可以进行联想、顿悟、推理、归纳等。换句话说，机器学习就是人类希望或者梦想，计算机能够成为一个智能体，成为一个像人类那样的智能体，具备从现实世界中获取知识的能力，进而，通过不断改善计算机自身的性能，实现智能体的自我完善。同时，也能够进一步发现人脑思维机制与人类学习机理。作为人工智能的重要研究领域，机器学习研究主要包括三个层面：研究人类学习行为的内在机理；研究人脑思维的活动过程；研究机器学习的具体操作方法，即研究建立如何针对不同具体任务的学习系统。众所周知，学习与记忆、思维、知觉、感觉等理性与感性行为密切相关，是一种多侧面综合性的心理活动，所以，如何探索人类学习机制是一个关键性问题。

当下，有三种观点在机器学习领域较为受人关注：第一类是认知主义学习理论，以美国计算科学专家赫伯特·亚历山大·西蒙（Herbert Alexander Simon）为代表，在他看来："学习是外部的行为改变，是系统做出的自我改变，并且系统在后续处理近似任务时能更高效"。[1]第二类是建构主义理论，以美国学者理查德·迈克尔斯基（Ryszard S. Michalski）为代表，认为"学习是内部变革，是对经验事物表征的重构"。[2]第三种观点来自专家系统开发领域，认为学习就是获取知识。

机器学习是数据智能化处理的关键。"机器学习作为一种处理实际应用的方法，包括计算机视觉、自然语言处理等技术。"[3]机器学习需要运用大量数据进行训练，并由专家针对不同问题设计具体的学习算法。目前，机器学习有效的优异的算法较多，但主要可归集为符号学习和非符号学习两类。对于计算机能够识别的定量、确定性行为，可以通过符号模型进行；对于非定量的概念或行为，例如感性（感觉）等不能准确描述的，那就只能通过非符号模型，即深度学习、神经网络模型等来进行。机器学习算法是一个认识逐渐深化的过程。随着研究的深入，人工智能领域的研究专家发现，向人类自身学习其实是智能体学习的最佳途径，因而便以研究人类自身的学习机理与进化过程展开了算法研究。譬如，仿照人类生理的进化及发展的遗传算法研究，被称为进化主义；又如，比对人脑结构开

---

1 杨炳儒.知识工程与知识发现.北京：冶金工业出版社,2000,3-4.
2 Allan Collins, Michalski Ryszard S. The Logic of Plausible Reasoning—"A Core Theory". Cognitive Science, 1989, 13(1): 1-49.
3 吴西竹、周志华.领域知识指导的模型重用.中国科学：信息科学,2017,11：1483-1484.

展的神经网络算法研究，揭示的是一个系统如何通过向其他系统学习，进而获得近似或实用的知识，这种学习方法被称为联结主义。再如，随着统计学习理论的发展，支持向量机算法的泛化学习能力，使人们对其偏爱有加。

深度学习是当前机器学习的热点。深度学习是一种特征学习方法。一方面，他运用简单非线性模型，可以在更高层次上对原始数据进行转换，以期实现更高层次的抽象表达；另一方面，深度学习借助数据集训练，通过程序来识别图像中的物体，把语音数据转换为文本数据，还能识别用户兴趣爱好，根据用户需求自动匹配新闻、消息或产品。人工神经网络之父杰弗里·欣顿（Geoffrey Hinton）等人指出，深度学习是对人工神经网络研究的发展，"他通过构建具有多个隐层的非线性网络结构，从而实现复杂的函数逼近"。[1]孙志远等人在《深度学习研究与进展》一文中认为，"训练海量数据来学习更抽象的深层次特征，进而提升分类或预测的准确性"。[2]深度学习目前主要有监督式、无监督式、增强式3种学习方式。一是对于监督学习来讲，预测前要进一步确定目标变量的类型。比如，针对离散型数值就要选择分类算法；针对连续性数值就要选择回归算法。监督式学习是按照给定规则填充公式化的表达，多用于结构化数据丰富的财经、体育新闻报。二是非监督式学习是指不用预测和估计任何目标变量或结果变量。细分客户或者根据干预方式分为不同的用户组是其主要应用方式。在无需人为干预的条件下，依靠自主学习能力自动地从数据中抽取知识。如果想要预测目标变量的值，则可以选择监督学习算法，反之则可以选择无监督学习算法。三是增强式学习也被称为强化学习，它是训练机器从过去的经验中反复学习，并尝试从经验中学习得到一些新知识，并且对未知情况作出一个精确的判断。

值得注意的是，深度学习、神经网络的内在缺陷主要在于模拟感性行为。例如，随着技术进步，人工识别面部特征的效率远远低于人脸识别系统，但我们能否就此认为，这种设备就拥有智能呢？事实上，这种通过数据驱动的程序系统，在专业知识技能方面优于人类，但与人类综合智能相比仍有较大差距，更何况机器学习只靠深度学习很难达到真正的智能。人工神经网络得不到语义信息的原因，就在于它太简单了，没有人脑的神经网络复杂，只有把人脑神经网络的复杂结构与功能加入人工智能中，才能有效提高人工智能的智能化程度。例如，如果把符号变为向量，同时尽量保持语义不变，然后与神经科学结合，把特征空间提升到语义空间，把特征空间的向量变成语义空间的向量，那么就能让人工智能有推理的能力和决策能力，就能解决复杂问题。按照中科院院士张钹的观点："机器学习未来发展方向是'数据驱动'与'知识驱动'的结合。"[3]数据驱动就是通过数据训练来进行学习的方法，运用数据训练模型，即所谓的"黑箱算法"；知识驱动属"白箱方法"，就是通过建立常识图谱进行训练。但如果数据质量不高，就很难通过数据驱动学出有价值的东西，因为数据是在特征空间里的，缺乏语义，不能有效理解事物；而知识驱动方法在深度学习基础上，通过添加智能Agent模块，从而实现自动找寻与问题相关的特征。因此，在数据训练的基础上，将深度神经网络与Agent等其他技术结合在一起，就能进行复杂问题的决策和处理，提升智能化水平。

1　Cun Y L, Bengio Y, Hinton G. Deep Learning. Nature, 2015, 521(7553): 436-444.
2　孙志远、鲁成祥、史忠植，等.深度学习研究与进展.计算机科学,2016（2）: 1-8.
3　张钹.从"事后逐诸葛亮"到"防患于未然"——深度学习与信息安全解读.信息安全研究,2017,11: 962-963.

二、算法对现实政治的影响

算法对现实政治的影响主要体现在影响选举结果、强化政治偏见、塑造群体政治态度三个方面。政治力量和政治团体运用新技术从事政治宣传和政治活动的行为一直存在。在美国等西方国家，从18世纪末开始，就开始利用报纸广告等进行政治宣传；到了20世纪初，广播宣传成为主要方式；20世纪中叶以后，电视政治广告日益走进千家万户；随着20世纪末互联网为代表的新媒体兴起，个人网站与电子邮件，博客、在线筹款、社交媒体网络等日益成为主流政治广告和宣传形态。进入21世纪以来，互联网实现了万物互联，世界变为一个联系紧密的整体。大数据让万物转化为数据，政治行为和政治活动也被抽象为数据化的运作形式，与个人、社会组织的结合日益紧密，政治活动变得越来越透明，能够实现精准的分析与预测。牛津大学教授肯尼斯·库克耶（Kenneth Cukier）与奥地利数据科学专家维克托·迈尔－舍恩伯格（Viktor Mayer-Schönberger）认为，"在数据社会里精准预测控制成为可能。"[1]美国计算机科学家杰瑞·卡普兰（Jerry Kaplan）指出，"人工智能技术让原来缺少人类智能的事物、机器被植入经验、智慧，成为具有灵性的智能体。"[2]传统社会，公民的理性认知和判断基于个人知识、经验和群体的影响，最终做出自己的理解和选择。算法时代，公民的理性认知与判断受制于算法的引导或干预，公民个人所做的判断与选择是在算法的指导下进行的，这与传统社会行为和集体行动迥然不同，更不同于社会集体行动的"同意的计算"[3]。

（一）算法影响选举结果

事实上，借助新的智能分析技术，算法对政治选举的影响日益加深。依靠智能技术分析预测选民心理，操纵选举的事例屡见不鲜，选举政治在一定程度上转变为算法政治。在2012年的美国大选中，被美国媒体称为"算法之神"的内特·希尔沃（Nate Silver）借助数学模型，通过分析大量数据，准确预测了50个洲的选举结果。在2016年的美国总统大选中，内特·希尔沃通过算法将投票与预测选举相联系，对选举结果也有了成功预测。透视美国政党选举的表象，我们可以看到，两党候选人都是借助社交网络，利用庞大的技术优势而展开的"数字化竞选"。曾经的"为民众赋予权力"为基础的民主制度，转变为关注个人的非结构数据，利用算法对数据进行记录、分析与整理，做出针对个人的个性化决策，最终实现对个人行为的操纵。选民以为个人做出了选择，实质上是被政治家利用技术所俘获，让选民心甘情愿地投出了选票。这与商业巨头对消费者所做的事情在本质上是相同的，即通过商家有意识地诱导，让潜在消费者心满意足地掏出了钞票。譬如，"剑桥分析"通过整合民众的购物习惯，统计用户的房产、汽车等个人信息数据，提取社交网络上的开放开源数据。然后运用大数据技术分析来预测选民行为特征。根据选民的行为偏好，"剑桥分析"可以普遍、精准、高效地将干扰信息投送给目标个体，进而影响改变选民的判断与决策。实质上，他的技术手段主要是行为科学、大数据技术分析和精准信息定制投送，通过精准投放差异化个人信息来影响或改变选民决策。"剑桥分析"事件让我们深刻认识到了算法在政治中的深度介入与深层影响，可被称为是改变民主决策过程的生动实践，是算法现实政治化运作的一个典型案例。

1 Kenneth Cukier, Viktor Mayer-Schonberger. Big Data: A Revolution That Will Transform How We Live, Work and Think[M]. London: John Murray, 2013, 1-18.
2 ［美］杰瑞·卡普兰.人工智能时代.李盼译.杭州：浙江人民出版社,2016,20.
3 ［美］詹姆斯·M·布坎南、戈登·塔洛克.同意的计算——立宪民主的逻辑基础.陈光金译.北京：中国社会科学出版社,2000,10.

（二）算法具有一定程度上的偏见

算法偏见是算法开发者或者算法所有者，为了获得自己想要的结果，通过调控程序或参数来预设自己的认识和想法，从而获得自己想要的结果。算法偏见是人工智能技术的伦理隐患，它把本来应该由人承担的责任转嫁和推卸到技术身上。算法和人类一样具有偏见，因为它们嵌入了主观价值。将价值观从一个特定政治和文化时刻转移到另外一个不同的政治文化环境，需要算法随着时间的推移而不断受到监控和调整，否则算法就会强化它们创建时所使用的价值观，形成算法的道德刚性。美国马里兰大学计算机科学家迪克·迪亚克帕罗斯（Nick Diakopoulos）指出："当我们人类在试验算法的时候，算法也在试验我们自己。算法的自主决策能力已经开始规范我们生活的更多方面，但我们还没有把握算法力量的轮廓。"[1]算法结果之所以变动不居，内部算法难以被解析出来，主要是因为算法排序计算结果的准确性、算法有效性、透明度存在风险。我们知晓的仅为算法运算的结果，而对算法运算过程我们却一无所知，整个算法运算过程就是一个算法黑箱。此外，技术的不确定性使数据主体和算法主体的权利处于争议之中，"算法黑箱"的运算过程也加剧了人们对算法偏见的担忧。

算法技术权力与社会权力的深度融合，强化了算法的政治偏见。权力存在于算法之中。20世纪80年代，法国的西蒙·诺拉（Simon Nora）指出："计算机互联网传输的不是无活动能力的电流，而是信息权力。"[2]云计算、超级计算机等新技术的广泛使用，使计算机的运算能力呈指数级增长，其内在的权力功能也就越来越强。在英国学者斯科特·拉什（Scott Lash）看来，"在一个媒体和代码无处不在的社会，权力越来越存在于算法之中"。[3]按照大卫·比尔（David Beer）"算法的权力"的观点："算法的功能包括分类、过滤、搜索、优先、推荐及判定等，基于算法的决策常常被认为是理性、中立、高效、值得信赖的。"[4]但有学者认为算法本身不具有社会权力，而是算法联合在发挥作用。算法运作要考虑具体情境，要考虑算法和规则、人、过程、关系的相互作用。英国学者丹尼尔·尼兰（Daniel Neyland）等人指出："如果算法掌握了话语、话语信息，拥有了话语权，就掌握了社会话语和社会行为规则，掌握了重构社会现实的权力和力量。"[5]长期以来，我们都将研究的重心放在如何提高算法的性能上，而对算法偏见关注不多。但正如美国学者拉胡尔·巴尔加瓦（Rahul Bhargava）所指出的那样："虽然算法没有偏见，但我们人类有。"[6]譬如，算法的目的通常是纠正人类决策中的偏见。然而，许多算法系统要么编纂现有的偏见源，要么引入新的偏见源。在实施过程中，偏差还可以存在于一个算法的多个地方，训练数据中也会存在偏见而产生与实际差别较大的结果。又如，因为历史上黑人被逮捕的比率比白种人高，所以一个特定算法系统在预测时，黑种人往往比白种人更容易再次被捕。这就给司法程序

1 Nick Diakopoulos. Algorithmic Accountability: Journalistic Investigation of Computational Power Structures. Digital Journalism , 2015, 3(3): 398–415.

2 ［法］西蒙·诺拉. 社会的信息化. 施以方、迟露译，北京：商务印书馆，1985，6.

3 Scott Lash. Power after Hegemony: Cultural Studies in Mutation? Theory, Culture & Society, 2007, 24(3): 55–78.

4 David Beer. Power through the Algorithm? Participatory Web Cultures and the Technological Unconscious. New Media &Society, 2009, 11(6): 985–1002.

5 Daniel Neyland, Norma Mollers, Algorithmic If ... Then Rules and the Conditions and Consequences of Power. Formation, Communication & Society, 2017, 20(1): 45–62.

6 Rahul Bhargava. The Algorithms Aren't Biased, We Are. Medium (January 3, 2018), https://medium.com/mit-media-lab/the-algorithms-aren't-biased-we-are-a691f5f6f6f2.

的各个步骤注入了种族偏见的根源。

（三）算法塑造群体政治态度

算法的政治风险体现在社会群体性态度与行为的塑造上。人是天生的政治动物，是生活在一定社会关系中的。考量群体性的行为特征能较好地理解群体政治行为的变化。法国社会心理学家勒庞（Gustave Le Bon）认为："群体的轻信、极端化与情绪化反应等弱点，显然既为领袖的品质划定了上限，也给他动员自己的信众提供了许多可乘之机。"[1]人能通过社会合作在互为主体的过程中结合成集体，以组织起来的整体形式去改造自然界和社会。美国新闻评论家沃尔特·李普曼（Walter Lippmann）认为，社会公众从主观意志出发，容易按照刻板印象思维方式，按照自己的认知习惯去熟悉和理解新事物，"多数情况下我们并不是先理解后定义，而是先定义后理解"[2]。这样的结果，往往不是给自身带来灾祸，就是给他人制造麻烦。工业化过程是将人的身体从劳动中部分解放出来，这种解放过程可以用这样的术语来表达，即人体延伸实现了部分数字化。也就是说，人工智能不仅让人自身得到了解放，而且让机器智能体像人类那样具有思考和行动的能力，这就意味着人脑得到部分解放，人脑的延伸实现了部分数字化，人身体的部分行动能力实现了智能化。美国社会学家尼尔·约瑟夫·斯米尔瑟（Neil Joseph Smelser）提出的解析群体性行为的"价值累加理论"，[3]为更好地理解社会行动中的各种组织与非组织行为提供了分析工具。随着自然界、社会甚至人本身的数字化，越来越多的人认同工具是人体的延伸，电脑是人脑的延伸。"技术黑箱"、技术系统内部的复杂性是技术本身发展中的缺陷与难题，而以政府、专家系统、公众为代表的社会系统主体失范，其带来的技术风险将远远高于技术应用本身的消极影响。从某种意义上说，这种人为的不可计算和预测的风险，造成的后果是不可逆且无法补偿的，影响也是跨越时空的，需要长期的观察和测量。

三、算法对政治哲学的影响

算法政治哲学关注的两个重要面向是"算法民主"与"算法霸权"。算法民主体现的是一种精英的民主文化，算法霸权体现的是算法的不透明性和不可追溯性。全面准确理解算法民主，避免算法霸权，需要通过算法意识形态和算法问责来实现。算法依赖数据而做出关键决策，算法是人工智能的基石，算法和人工智能将处理的数据再反馈给整个社会网络系统，这样，整个社会运行便能够监控和操作。正如英国计算机科学家蒂姆·伯纳斯·李爵士（Tim Berners Lee）在谈到互联网面临的三个挑战时所指出的那样："一是我们对自己的个人数据失去了控制，二是虚假信息太容易在网上传播，三是需要更多的透明度来理解数字政治宣传。"

（一）要充分理解算法民主文化功能

算法作为一种知识的权力，逐渐成为精英阶层的工具，展现为奇特的精英文化类型，显现出民粹主义与精英民主混合交替作用的特性。捷克传播学与媒体哲学家弗拉瑟（Vilém Flusser）认为："算法

1 ［法］古斯塔夫·勒庞.乌合之众—大众心理研究.冯克利译.北京：中央编译出版社,2000,18.
2 ［美］沃尔特·李普曼.公众舆论.阎克文、江红译.上海：上海人民出版社,2006,62.
3 郑杭生.社会学概论新修.北京：中国人民大学出版社,2003,140.价值累加理论（value–added theory）理论认为，集体行为实质上是人们受到威胁、紧张等压力情况下，为改变自身处境而进行的尝试。单一因素对群体性行为影响较小。当多个因素相互作用时，他们的价值就会放大，增加了群体性行为的可能性。"结构性诱因、结构性压力、普遍信念、诱发因素、行动动员、社会控制失效是六个主要因素。"参见：［美］尼尔·约瑟夫·斯梅尔瑟.社会科学的比较方法.北京：社会科学文献出版社,1992,27-30.

的关键是决策过程的自动化,这大大减少了人们对决策过程的掌控。"[1]算法在计算的过程中,逐渐形成一定的计算方法,形成算法依赖与算法锁定。但这并不是说算法在某种程度上是严格计算性的,不包括人类。美国康奈尔大学教授吉尔斯比·塔尔顿(Gillespie Tarleton)在《连线关闭:版权与数字文化的形态》一书中指出,"最好将算法设想为将人类和非人类、文化和计算结合在一起的社会技术组合。[2]"

英国评论家马修·阿诺德(Matthew Arnold)认为,文化不是大众文化,而是精英文化,是少数人的专利。少数人成为知识阶级后,他们表达的究竟是普遍的人类精神,还是他们自身的阶级精神?马修·阿诺德(Matthew Arnold)进一步指出:"文化作为一种权威原则,用以对抗威胁我们的无政府主义倾向。"[3]换句话说,文化的对立面是缺失秩序规范的无政府。文化具有自身拓展的本能属性,一方面我们追求人文价值,另一方面也时刻不忘戒律,时刻维护神圣的秩序。以亚马逊上的产品推荐为例,推荐的热销产品基本上都是一个人浏览和购买历史记录的结果,这些记录与亚马逊数百万其他顾客的浏览和购买历史记录相关联,把这些顾客群体的数据聚集起来,进行分析,然后影响群体的购买模式。同样,谷歌虽然是一个搜索引擎,但他的Page Rank算法通过衡量一个网站的链接数量,以确定其相对重要性,这其实是利用大众的智慧来确定网络上什么是重要的。Page Rank在搜索引擎中建立了一种民粹主义的衡量标准,即由数百万人来决定在网络上连接什么内容,这是一种民主的形式。但谷歌的工程师们正在利用在谷歌搜索的数亿人的行为进行数据分析,开发另一种民主制度来支持谷歌的算法。所有这些使得算法文化听起来像是民主公共文化的最终成就。

问题在于,由于商业秘密法、保密协议和竞业禁止条款的存在,我们几乎没有人知道亚马逊、谷歌、Facebook或任何其他领先科技公司的内部运作与算法情况。一方面,我们把算法作为一组数学程序,用来揭露一些关于世界的真相或趋势;另一方面,算法编码系统也可能会暴露,也同样有可能进行隐藏。算法数据处理正日益成为一种私人的、排他性的、确实有利可图的事情。这就是为什么?我们这个时代的算法正变得越来越复杂,而像亚马逊、谷歌和Facebook这样的公司也正迅速变得日益复杂、不透明、不可控。因此,在阿诺德看来,这种算法文化是无政府状态的一种表征。信息意识、原始数据、群体智慧这些要素关联的作用没有预想的强大,对算法民主的推进功能也是极其有限的。

(二)要正视算法霸权

算法霸权体现在算法的不透明性与算法结果的不可追溯性。算法不透明导致算法过程不可预测,算法不确定导致算法结果不能被有效证明。算法的不透明体现有两点:一是不准确,二是不公开。首先,许多算法无法被仔细检查,因为它们所依赖的数据、过程或结果都是保密的。算法不公开虽然能保证效益,但却有失公平。人类的决策虽然经常有缺陷是,却也有一个主要的优点,即人类的决策是可以改善的。随着一步步地学习和适应,我们自身会改变,我们处理问题的方式也会改变。相比之下,美国学者凯西·奥尼尔(Cathy O'Neil)在《算法霸权:数学杀伤性武器的威胁》一

---

1 Vilém Flusser. Into the Universe of Technical Images. Translated by Nancy Ann Roth. Minneapolis London: University of Minnesota Press, 2011, 117.

2 Tarleton Gillespie. Wired Shut: Copyright and the Shape of Digital Culture. The MIT Press, 2009, 247-249.

3 Matthew Arnold. Culture and Anarchy and Other Writings (edited by Stefan Collini). Cambridge, New York: Cambridge University Press, 1993, 89.

书中指出:"自动化系统不会随着时间的推移而改变,除非开发者对系统做出改变。有时,这就意味着要重视公平,牺牲利润。"[1]更好的价值观嵌入我们的算法代码中,创造符合我们的道德准则的大数据模型。首先,算法本身判断的只是对错与优劣,而算法的价值观也仅仅是基于对错、优劣的判断。算法的设计者可以设计更符合自身利益的算法,即使这种算法会损害很多人的利益。其次,算法可能对社会现实造成误判,因为算法的设计者是人类,人类犯错误的可能性永远不会是零。虽然有机器学习,但机器学习的数据来源仍然由人类掌控,机器学习的程序也是由人类设计。即使算法发展到神经网络学习的高级阶段,算法的人为因素依然存在。2016年5月,"Facebook偏见门"曝光了其趋势话题平台运作内幕。该平台运用相关技术,获取了Facebook算法浮现相关内容,并有针对性地对敏感内容进行分级排列,人为干预处理相关的优先顺序,设置一些倾向性话题,故意压制美国右翼保守派的信息。再次,算法吸引力在于他承诺能够在决策过程中保持中立,通过接收数据进而得出结果。但事实上算法并不中立。算法是深深嵌入数学中的,数据和模型的运用会导致社会资源的重新配置。

（三）要深刻认识算法意识形态与算法问责

算法意识形态概念起源于搜索引擎技术的发展,算法技术与资本主义的结合,形成了控制社会的意识形态工具。面对新的意识形态所带来的挑战,对算法进行有效的问责,通过制度机制等实现对算法的有效管理是社会迫切关心的问题。20世纪末,搜索引擎技术经历了一个彻底的商业化过程。随后,搜索技术在算法的支持下获得飞速发展,并通过在网络中组织经济活动获得了巨额利润。搜索引擎成为了塑造社会规则的新工具,大众媒体固化了营利性搜索引擎的资本主义精神,并且提供了一种令人兴奋的技术创新文化和追求私有化政治的政策。技术建构主义学者威伯·比克和约翰·劳(Wiebe Bijker, John Law)在《塑造技术建设社会:社会技术变迁研究》一书中指出,"搜索引擎不应仅仅被视为推翻或剥削社会的工具,更应被视为当代社会中被控制与稳定的新资本主义精神"。[2]技术原教旨主与资本主义的有机结合,形成了稳定的新资本主义精神,实现了对社会的有效控制与管理。正如阿斯特丽德·梅杰(Astrid Mager)所指出的那样:"技术原教旨主义意识形态与资本主义意识形态实现了结合。"[3]

随着新资本主义精神嵌入算法结构程度的加深,由算法技术提供支持的商业活动和社会活动不仅追求利润最大化,而且也正在进行政治干预,影响社会实践与权力作用关系。虽然这些算法技术存在信息偏差,但这些技术与社会联系日益紧密,人们更容易被技术所禁锢和俘获。从传播学和社会学政策角度来看,美国学者曼纽尔·卡斯特尔(Castells Manuel)认为:"当抗拒和拒绝变得明显强于服从和接受时,权力关系就会发生转变"。[4]在资本主义条件下,人和自然都已经成为资本的附属。随着网络平上各种信息登记的要求,我们通过填写和登记的个人信息来换取使用应用软件权利,但同时,我们也在不知不觉中交出了自己的数据自由和数据财产。数据作为资本的附属物而造成人发展的新

1 Cathy O'Neil. Weapons of Math Destruction: How Big Data Increase Inequality and Threatens Democracy. New York: Crown Publishers, 2016, 238.

2 Wiebe E Bijker, John Law. Shaping Technology Building Society: Studies in Sociotechnical Change. Cambridge, Massachusetts London, The MIT Press, 1992, 175-198.

3 Astrid Mager. Algorithmic Ideology: How Capitalist Society Shapes Search Engines. Information Communication and Society, 2012, (6): 3-6.

4 Castells Manuel. Communication Power. Oxford University Press, New York, 2009, 11.

分化,掌握数据成为数据资产阶级,交出数据的变为数据无产阶级,或者想象较为悲观一些的话,就会成为数据无用阶级。如果单纯的数据管理不再是一种社会主体之间的交互方式,而是变为一个凭借占有数据对他人统治的问题。那么,这种统治方式是不容易被我们觉察,但又时刻约束我们的较为隐蔽和隐性的统治形式。正如英国伦敦大学新闻学专业学者瑟曼·尼尔(Thurman Neil)认为的那样:"你关心的,才是头条。"[1]算法时刻关注着用户的需求,推送用户所偏好的信息,形成"信息茧房"效应,用户既沉迷于自己的喜好,也不自觉地接受着算法的推荐。一方面,显示了对用户偏好的注重,另一方面,用户的偏好也受到了算法的影响。因为用户偏好包括三类,一类是主动的,比如用户的点赞、关注等;一类是含蓄的,例如,媒介组织通过搜集和分析相关数据而推导出的偏好。一类是被动的,由于受到信息和数据精准干扰与强化,用户在不情愿的过程中实现自己盲从大众的偏好。客观地说,以人类现有的认知水平来看,这三类算法的真实性、可信度和透明度是受到质疑的。

四、算法对计算政治科学的影响

(一)政治学的研究方法在不同时期具有不同的侧重点

传统政治学研究依赖经验和直觉,数据描述和理论构建意识不强。研究者多从因果关系和预防角度看待问题,而不太注重相关关系和预测角度。近代以来,计算社会科学作为一种新的科学方法,慢慢开始应用于政治学研究,带来了政治学研究内容与范围的变化。首先,如何采集数据和存储数据是算法政治研究需要面对的首要问题。传统的人工录入数据技术,随着智能感知技术的进步,数据的采集已经便捷很多,而且,随着5G、物联网等新型基础设施的加快建设,云平台等储存技术也有了较大进步。但如何高效分类分析数据是一个问题。其次,如果要对数据进行有效分析,就需要有强大的计算能力和计算程序、方法,既能够分析预测,又能够动态实时地解决问题,这是展开计算政治科学研究的基础性要求。如果要把计算政治科学研究范围进一步拓展深化,计算科学、信息科学等学科知识的跨界合作也是必不可少的,需要交叉性的学科知识进行融合。

(二)计算社会科学是从21世纪开始逐渐兴起和发展的

21世纪之初,计算社会科学是一个纯粹工具性的形象,仅用来"泛指基于仿真模拟技术的社会研究类型,"[2]并未被吸纳进社会科学研究的主流话语。2009年,哈佛大学大卫·拉泽尔(David Lazer)等人在《科学》杂志上发表了《网络中的生活:计算社会科学时代的来临》一文,认为随着收集和分析数据能力的提高,一个新的研究领域,即"数据驱动的计算社会科学正在兴起"。[3]2012年,欧洲学者发布了《计算社会科学宣言》。2014年,美国社会学界在斯坦福大学召开了世界上第一个计算社会学学术会议,这标志着计算社会学作为一种新的研究范式或一个新的社会学分支已经产生。2015年7月,我国第一个"大数据与计算社会学暨社会治理国际研讨会"成功举办。近年来,虽然我国社会科学研究取得了成绩,但国际学术地位不高,与国际主流话语相比还有一定的差距。信息社会,结构与非结构数据大

1 Thurman Neil. Making "The Daily Me": Technology, Economics and Habit in the Mainstream Assimilation of Personalized News. Theory, Practice & Criticism Journalism, 2011, 12(4): 395-415.
2 Steven Bankers, Robert Lempert, et al. Making Computational Social Science Effective: Epistemology, Metheodology, and Technology. Social Science Computer Review, 2002, 20(4): 377-388.
3 David Lazer, Alex Pentland, Lada Adamic, et al. Computational Social Science. Science, 2009, 323(5915): 721-723.

量涌现，传统的统计定量分析已不能有效分析复杂政治现象背后的规律。融合计算机科学领域的自然语言处理、数据挖掘、机器学习、分布式计算等技术，具备了分析大规模数据能力，计算社会科学就能够从个体研究延伸至广泛的群体和社会研究。正如罗玮指出的那样："传统计量方式是以低级工具处理数据，而互联网、物联网、云计算、人工智能等新技术促成新的社会科学计算范式。"[1]

（三）计算政治科学的核心就是算法的应用

算法能够提升政治学科学量化分析能力，拓展政治学的研究空间。首先，运用数据可以对政治现象之间的关联性进行抽象推理与总结归纳，依靠科学的分析技术捕捉当下正在发生情况的内部构造与相互勾连，从而预测事件的未来趋势。其次，算法可以辅助构建理论分析模型。有了数据集和计算能力，就能从纷繁复杂的大量政治活动中，探寻人物活动轨迹与事件变动走向，实现依靠数据和规律来说话，避免空洞的假设推理。不仅能消解人们对社会科学研究固有的模糊性和不确定性的认知，而且还能赋予人文社会科学研究更多的技术特征。动态实时的数据演变模型，即时便捷的感知接触，丰富和提升了研究能力。要言之，数据模型构建的基础从理论假设走向数据模拟实际化和分析实时化，学者能够更容易探究政治现象的产生机制和内在机制，民众也能直观感受计算社会科学的精准性与确定性。再次，算法优化了计算社会科学研究的精准度。一方面，借助特定的分析工具，能够对指涉和关联政治现象的数据进行针对性采集、储存，依靠协同的分析团队，能够在时效性上对热点、敏感和焦点的问题进行追溯，把握来龙去脉与未来走向，实现定量分析的长时段与一贯性。另一方面，实时把握政治关系的动态变迁和政治主体的行为模式与行动逻辑，能够提升政治学研究的科学预测能力。

（四）从研究空间上看，政治现象的研究从实际存在的实体逐步拓展到虚拟多维空间研究

传统理论上，主要是关注政党、国家、政府、社会组织以及公民团体等的研究，聚焦于刚性制度规则建设与柔性行动者心理行为模式。算法时代的来临，政治可能会进一步改进和变革网络营销方式进行政治传播。因此，与虚拟空间相关的舆情治理、空间安全监管等研究领域将得到进一步发展。借助门户网站、社交网络平台等公共空间，通过收集、分析大量结构化和非结构化数据信息，计算政治科学的精准分析预测功能有了进一步凸显。换句话说，算法政治的分析，不仅能提升政治学者对现实动态社会舆论的感知分析能力，而且也能够预先预警防范风险。进一步推理，也能够通过针对性的对策纾解由新媒体诱发的新形式社会运动和群体性突发性事件，依靠技术侦测和协同的组织化，探寻新的政治运作机理。同时，智能化社会建设，需要政府治理理念的创新，治理范式的变革，治理内容和治理手段的更新，这样才能满足智能政府的能动性、回应性、及时性建设要求。

五、算法政治学的未来发展重点

算法带来了技术的进步与生产效率的提高。在有限的社会资源环境里，政治活动作为分配资源的一种权威价值手段，深刻影响着社会公平公正。算法对政治选举与决策过程的深度干预，对政治学学科研究的深度影响，需要我们高度重视算法的技术特性以及由其带来的社会形态的变化。真正使算法能较好地服务于我国的政治发展，促进政治学学科研究的进步，能够构建出有中国特征特色的算法政治学。

---

1 罗玮、罗教讲.新计算社会学：大数据时代的社会学研究.社会学研究,2015,3,225-227.

（一）以马克思主义政治学为指导

马克思主义政治学运用唯物史观和辩证法，能够客观揭示政治本质与政治变化规律。"马克思主义政治学具有科学性、革命性和实践性。"[1]马克思主义政治学认为政治现象是不断发展的，改造社会、推动社会政治的发展是政治学的目的。马克思主义政治学是在无产阶级的政治实践活动中创立的，并且是在实践中接受检验和发展的。十一届三中全会以后，邓小平指出："政治学、法学、社会学以及世界政治的研究，我们过去多年忽视了，现在也需要赶快补课。"[2]19世纪中后期，马克思已经深刻地论证了技术评估的必要性和重要意义。美国学者杰伊·温斯坦（Jay Weinstein）等指出："马克思不仅在关注技术创新，而且也关注是为谁创新，为谁的利益，为何目的技术创新"。[3]在此意义上，马克思被看作历史上的第一个进行技术评估的人。哈贝马斯认为，18世纪启蒙运动开启了现代性的发展，现代性文化的哲学基础是理性主义。"工具理性体现在现代经济和行政系统维度，交往理性体现在生活世界维度。"[4]行政学家德怀特·沃尔多（Waldo Dwight）认为："任何政治哲学都包括对美好生活的讨论，任何公共行政学学者（即使那些标榜自己从事科学研究的学者）都有自己的关于美好社会的愿景。"[5]政治学研究涉及国家政权为核心的社会主要政治现象和政治关系，有着厚重的价值意蕴。西方行为主义政治学的"价值中立"理念已经没落。价值因素对政治学研究的干扰是客观的，"价值中立"本身也不能将政治学研究引向科学的结论。这要求政治学研究者要有鲜明的态度和立场，要坚持马克思主义政治的立场。

（二）加强算法伦理规则建设

算法伦理既涉及算法智能系统的伦理，也与算法设计、使用人员的伦理道德密切相关。算法智能体的伦理可以追溯到阿西莫夫"机器人三定律"。随后，"康德伦理学"指出："道德行为是那些符合绝对命令（道德的客观规律）的行为，是出于职责（出于道德的缘故），是由理性和自由的人（道德行为者）所为。摩尔认为机器伦理是"道德影响行为体是那些以某种方式对其环境产生道德影响的计算技术"。[6]截至目前，西方发达国家和一些国际性组织已经在尝试出台具体措施，从规则约束和制度保障上解决"算法黑箱"和政治精准营销带来不可控性等问题。譬如，2016年，电气和电子工程师协会（IEEE）发布《关于人工智能及自动化系统的伦理设计白皮书》，强调人工智能和自动化系统应有解释能力。2017年1月，阿西洛马会议达成了23条人工智能原则，来自哲学、法学、经济学、人工智能等领域的专家，呼吁严格遵守23项原则，发展人工智能首要的是保障人类未来的利益和安全。又如，2017年，经济合作与发展组织（OECD）发布了《算法与合谋——数字时代的竞争政策》报告，该报告指出了对算法合谋、算法选择等现象的担忧，并提出了一些可能的监管方案。2017年，美国计算机协会（ACM）下属的美国公共政策委员会在其发布的《关于算法透明性和可问责性的声明》中提出七项

1 王浦劬.政治学基础.北京：北京大学出版社，2003，30-33.

2 邓小平文选（第二卷）.北京：人民出版社，1994，180-181.

3 Jay Weinstein. Sociology/Technology: Foundations of Postacademic Social Science. New Brunswick, New Jersey: Transaction Publisher, 1982, 24-38.

4 ［德］尤尔根·哈贝马斯.交往行动理论（第2卷）.重庆：重庆出版社，1994，173.

5 Waldo Dwight. The Administrative State: A Study of the Political Theory of American Public Administration. New York: Holmes &Meier Publishers, 1984, 67-68.

6 James H. Moor. The nature, importance, and difficulty of machine ethics. IEEE Intelligent Systems, 2006, 21(4): 19-21.

基本原则：意识、获取与救济、责任制、解释及数据来源、可审查性、验证和测试,试图通过上述原则解决算法歧视问题。正如瑞士苏黎世学者马蒂亚斯·里斯(Matthias Leese)指出的:"其中一条明确要求,鼓励使用算法决策的系统与机构,在可能及必要情况下,解释算法运行过程和涉及算法的特定决策。"[1] 再如,2018年3月,法国宣布将在2022年前投入15亿欧元开发人工智能,并强调为提高人工智能算法透明度,解决"算法黑箱"问题,会采取向私营企业施加更多压力的措施。2018年5月,欧盟实施《一般数据保护条例》,要求所有科技公司对其算法自动决策进行解释。

回归人类价值观的本质是算法设计、使用人员的至高伦理道德。首先,算法工程师要像医生、律师等一样自律。康德指出:"意志自律是一切道德法则的原则,也是能够与道德法则相符合的义务的唯一原则。"[2] 运算法则的设计和运行,运算法则背后所隐含的伦理认知差异,将会对我们理解社会、团体与个人伦理产生影响。由于数据准确性不完备、算法技术成熟度的限制,容易在决策时出现偏差和失误,但机器失误会使设计人员和官员推卸政治责任,将社会风险转嫁给算法设计人员或者算法技术研发公司。在工业社会里,人的行为能够程序化测度,人的行为能够被以信息化方式迅速处理是问题解决的需要。韦伯曾对工具理性和价值理性做了区分,他认为:"工具理性是发挥技术的最大效用,价值理性强调价值伦理的重要性。"[3] 技术并不仅仅是一种物质手段,而是一种文化现象,是控制事物和人的理性方法。正如美国当代著名技术哲学家兰登·温纳(Langdon Winner)指出的那样:"现代技术已经发展到新的规模和组织,技术系统按其自身演化发展规律向前发展。"[4] 技术的开拓者与价值守望者是统一的,面对人类自由即将受到的威胁,算法技术人员要正确运用技术,确保其在符合价值伦理的轨道运行。其次,提高用户算法素养也十分必要。正如美国人工智能研究专家卢克·多梅尔(Luke Dormehl)指出的那样:"在算法时代必须养成提问的好习惯"。[5] 技术本身并不坏,假如你知道自己的需要,技术就能帮助你达成目标。而如果你对自己的需要一无所知,那么技术就很容易为你塑造目标,控制你的生活。随着技术越来越了解人类,你会感觉到是自己在为技术服务,而不是技术在服务自己。例如,街上的行人整个脸庞几乎贴在手机屏幕上,你觉得是他们控制了技术,还是技术控制了他们呢?

（三）提高算法治理能力

算法治理能力提升应注重两方面,一是算法运行机制要符合法律法规,二是算法问责机制要健全。具体而言,算法的设计、使用、销售要符合法律的规定,数据要真实、算法要合规,能够符合法律法规。美国历史学家梅尔文·克兰兹伯格(Melvin Kranzberg)认为:"技术既不好也不坏,它也不中立。"[6] 法律概念上的"技术中立"原则,其本意是在保持技术的客观性原则,使技术发展不受政策偏好的制约能够按照技术自身规律而发展。但如果技术突破了道德束缚与法律限制,侵害到消费者利益,或者危及国家安全情境下,也要再度审视技术中立的边界,实行有限技术中立原则。譬如,在算法设

1　Matthias Leese. The new profiling: Algorithms, Black Boxes, and the future of anti-discriminatory safeguards in the European Union. Security Dialogue, 2014, 45(5): 494-511.
2　［德］康德.实践理性批判.邓晓芒译校,北京：人民出版社,2003,43.
3　［德］马克斯·韦伯.论经济与社会中的法律.张乃根,译,北京：中国大百科全书出版社,1998,63.
4　［美］兰登·温纳.自主性技术：作为政治思想主题的失控技术.杨海燕,译,北京：北京大学出版社,2014,238-252.
5　卢克·多梅尔.算法时代——新经济的新引擎.胡小锐,钟毅,译.北京：中信出版社,2016,221.
6　Melvin Kranzberg. Technology and History: Kranzberg's Laws. Erstpublikation in: Technology and Culture, 1986, 27(3): 544-560.

计程序中,基础数据和推理假设可能隐含设计者的偏见认识与价值观取向,尤其是在运用社会化媒体搜索引擎时,信息过滤与推送环节蕴藏着设计者和技术人员的主观偏见,算法的设计流程和过滤程序既可能带有算法设计者的主观偏见,也可能存在输入数据的可靠性造成的歧视效应。[1]反之,如果将专有算法程序公之众,技术则容易被第三方操控掌握,这样会破坏技术自身竞争优势。从掌握算法技术公司的立场出发,一是由于算法披露成本与收益不成比例,因此缺乏披露信息动力;二是一旦披露信息中存在信息处理不当情况,这些公司有可能被控侵犯隐私法律风险。进一步来说,如果这些公司承认自己公开报道的失误或者不确定性,则有可能被公开起诉,所以这是一个两难的选择,是一个选择的道德困境。

算法问责机制主要体现在算法公开和算法透明制度设计上。建立算法公开制度并非要实现绝对的算法透明,而是符合法律法规前提下有原则有限度的透明。算法作为一项技术研发成果,理应受到知识产权保护。因此,算法公开与透明是有限度的。具体而言,一是公开的对象要有区别与限度。凡是涉及企业商业秘密的核心算法,应该实行备案制,遵循保密条例和专利法案的规定,可以只对监管者公开,对其他应用对象可以履行告知义务;二是公开的内容要有限定与范围。与国家安全相关的涉密性内容不予公开,与商业金融、科学研究相关的完整源代码不强制性披露。算法透明制度设计,一定要遵循有限技术中立原则。建立算法披露机制要保证三个透明,即算法要素、算法程序和算法背景透明。要对采集数据的来源、数据可信度、数据有效性、数据误差范围等进行必要说明,以提升数据采集和使用的科学性。此外,参与主体的参与方式、参与程度也要明确规定,针对参与中所引起的相关责任问题,也要厘清,责任的范围和程度,责任的承担都要明确说明。对参与客体,即用户来讲,也要给予明确的指导与情况说明,对算法在实际运行中可能带有的偏见、容易产生的错误等,都应该清楚明白地给用户说明。

六、结　语

算法权力对政治活动的深度介入,对政治活动和决策过程产生了深层影响。算法带来的问题和风险也可能是更深层次问题与风险的早期预警信号。因此,提取和发现这些信号之间的规律变得至关重要。通过"建立健全公开透明的人工智能监管体系,实行设计问责和应用监督并重的双层监管结构,实现对人工智能算法设计、产品开发和成果应用等的全流程监管。"[2]规范算法应用,规避潜在风险,实现算法优化与算法民主应该是我们努力的方向。高度重视算法技术在政治领域的功能,既是算法技术自身迭代更新的需要,也是加强"新文科"建设和培养新时代所需高素质创新人才的需要。深入研究人工智能的核心算法,加强哲学社会科学的教学和科研创新,使哲学社会科学主动回应技术创新和社会变革,为我国治理体系与治理能力现代化建设提供有力的理论与实践支撑。从政治哲学意义上讲,也是实现人民美好生活向往的需要、更好地适应国家治理体系与治理能力现代化的需要。

1　Engin Bozdag. Bias in Algorithmic Filtering and Personalization. Ethics and Information Technology, 2013, 15(3): 209-227.

2　参见国务院关于印发新一代人工智能发展规划的通知.载中华人民共和国中央人民政府网2017年7月20日, http://www.gov.cn/zhengce/content/2017-07/20/content_5211996.htm.

对算法的批判性思考和研究

［爱尔兰］罗伯·基钦著[*] 王锦瑞编译

摘要： 如今人们的生活越来越多地受到软件技术的影响。在作者看来，软件基本上是由算法组成的，而算法则是用于处理指令或者数据并产生输出的一组被定义好的步骤。作者在本文中综合和扩展了有关算法的批判性讨论，并思考如何在实践中更好地研究算法。本文中，作者共提出了四个主要论点。首先，考虑到算法在塑造人类社会以及开展经济活动方面所发挥的重要作用，所以迫切需要对算法及其如何运作进行批判的和实证的研究。第二，算法可以从政治、文化、经济、哲学、伦理、技术等各个维度去理解。算法是不确定的、个性化的和能动的，而且必须要结合广泛的社会背景以及技术原理来认识。第三，阻碍算法研究的挑战主要有三个：算法公式的可获得性；算法是异构的，并嵌入更广泛的系统中；算法的运作具有情境性和偶发性。以上三种挑战都需要在实践和认识论上引起关注。第四，可以通过多种方式对算法的构成及影响进行实证研究，但每种方法都有其优劣点，因此需要被系统地评估。作者推崇六种旨在深入了解算法性质和实践的方法。同时，作者认为，这些方法最好结合起来使用，以帮助克服在认识论和实践上的挑战。

关键词： 算法；代码；认识论；方法；研究

一、导语：为什么研究算法

随着大数据时代的到来，数字设备以及软件驱动的网络系统正越来越多地影响人们的日常生活。吉莱斯皮（Gillespie）认为软件从根本上由具有所有数字技术的算法组成，因此构成了"算法机器"[1]。基钦和道奇（Kitchin & Dodge）指出这些"算法机器"能够处理大量复杂的任务，而这些任务几乎是手工或模拟机器无法完成的[2]。它们每秒的运算次数可以达到数百万次，将人为的错误和偏差最小化；也可以通过自动化和创造新的服务或产品，显著降低成本，增加营业额和利润。麦考密克（MacCormick）因此得出结论：数十种关键算法正在塑造着人们的日常生活和工作，包括执行搜索、

* 作者简介：［爱尔兰］罗伯·基钦（Rob Kitchin），爱尔兰国立梅努斯大学国家区域和空间分析研究所。

1　Gillespie T. The relevance of algorithms.//Gillespie T, Boczkowski P J, Foot K A. Media technologies: Essays on communication, materiality, and society, Cambridge: MIT Press, 2014, 167-193.

2　Kitchin R, Dodge M. Code/space: Software and everyday life[M]. Cambridge: MIT Press, 2011.

安全加密交换、推荐、图像识别、数据压缩、自动校正、路由选择、预测、分析、模拟和优化等相关算法[1]。

作者指出,持上述观点的评论家认为,我们正在进入一个普遍的算法治理时代。算法作为一种权力,在行使过程中将会发挥越来越大的作用。算法可以使整个社会的运转变得更加有序和智能化,并能提高社会财富的加速积累。然而,迪亚科普洛斯(Diakopoulos)警告说:"公众通常不清楚算法是如何对我们施加影响的[2]。"作者赞同这一点。随着"算法机器"的兴起,新形式的算法力量正在重塑社会和经济系统的工作方式。

在过去十年左右的时间里,许多学者为了揭示算法本质及其能力带来的影响,开始关注软件代码和算法。这些学者在科技研究、新媒体研究和软件研究方面作出了许多贡献。此类研究主要有三种形式:一是研究某一算法或一类算法的详细案例,这些案例能更普遍地检验算法的性质;二是研究算法在某一领域(如新闻业)的应用;三是对算法具体的运行流程作全面阐述。而这篇文章中对上述研究进行了综合、评述和延展。

二、对算法进行批判性思考

算法通常被认为是一系列被定义的步骤,这些步骤可以产生特定的输出结果,但作者却认为这种定义过度简化了。算法的构成要素随着时间的推移已经发生了变化,这些要素可以从多个角度进行考察:技术、计算、数学、政治、文化、经济等。宫崎(Miyazaki)曾对"算法"这个词进行追溯,发现12世纪时,西班牙的一些学者对阿拉伯数学家穆罕默德·伊本·梅塞·赫韦里兹梅(Muhammad ibn Mūsā al-Khwārizmī)著作进行翻译时用到"算法"[3]。这些著作描述了使用数字进行加法、减法、乘法和除法的方法。此后,"algorism"意味着"执行书面初等算术的具体的,有步骤的方法"。20世纪中期,随着科学计算和早期高级编程语言的发展,例如,Algol 58及其衍生物(算法语言的缩写),算法被理解为,在按照正确顺序执行的情况下,指令式数据输入并生成特定输出的一组被定义的步骤。

科瓦尔斯基(Kowalski)从编程角度分析,认为"算法=逻辑+控制"。其中逻辑部分指特定组件在处理某些问题上,指定解决方案的抽象表达式(要做什么);控制部分是指解决问题的策略,以及在不同场景下处理逻辑的指令(应该怎么做)。算法的效率,可以通过改进逻辑组件或改进控制程度提高,包括改变数据结构(输入)。戈菲(Goffey)补充到,作为推理逻辑,算法的公式至少在理论上是独立于编程语言和执行它们的机器的[4]。

在列举了众多学者对于算法的批判性思考后,作者表示对德鲁克(Drucker)的结论较为赞同。作者认为编码过程中在翻译上有两大挑战:一是使用适当的规则集(伪代码)将任务或问题转换为结

1　MacCormick J. Nine algorithms that changed the future: The ingenious ideas that drive today's computers. Princeton: LNJ: Princeton University Press, 2013.

2　Diakopoulos N. (2013). Algorithmic accountability reporting: On the investigation of black boxes, A Tow/Knight Brief. Tow Center for Digital Journalism, Columbia Journalism School, (August. 21, 2014). Retrieved from http://towcenter.org/algorithmic-accountability-2/.

3　Miyazaki S. (2012). Algorhythmics: Understanding micro-temporality in computational cultures.Computational Culture, Issue 2. (June.25, 2014), http://computationalculture.net/article/algorhythmics-understanding-micro-temporality-in-computational-cultures.

4　Goffey, A., *Algorithm. In M. Fuller (Ed.), Software studies — A lexicon*, Cambridge: MIT Press, 2008, p.15-20.

构化公式；二是将这些伪代码转换为源代码，这些源代码将会执行任务或解决问题。因此，应对这些挑战就要在逻辑上对任务或问题进行精确定义，把任务或问题分解成一组精确的指令。此外，还要考虑到任何可能的情况，比如在不同条件下算法应如何执行（控制）。错误解释问题或解决方案将会导致错误的结果和随机不确定性。进一步看，翻译的过程常被描述为技术性的、善意的与合理的，从数学的确定性和技术的客观性上来考虑确实如此。但关于算法的应用及其之后发挥的效果则可能不是如此。也就是像基钦（Kitchin）所说，算法的输出是复杂的决策过程和实践，思想文化、政治经济、法律制度、物质和基础设施、人际关系等众多体系的组合。

作者也提到其他对算法进行批判的学者。吉莱斯皮（Gillespie）就认为算法像精心制作的小说，完全不具备客观、公正、可靠和合法的品质。还有蒙特福特（Montfort）等人认为，代码不是纯粹的抽象和数学，它也可以从社会、政治和美学维度来理解，它的内在是由各种决策、意识形态以及硬件设施构成和塑造[1]。波特（Porter）则指出程序员可能会追求高度的客观性，让自己的解译过程变得更加超然、独立和公正，同时确保自身行为不受当地习俗、文化、知识和环境的影响。但在将任务、进程或计算转换为算法的过程中，程序员们是无法完全摆脱这些因素干扰的。此外，作者也认为创建算法的目的往往不是中立的，一般是为创造价值或是为以某种方式推动行为和构建偏好等。

换句话说，就像盖格尔（Geiger）所说，算法不能脱离它们被开发和部署的条件。在作者看来，在性质上，算法是具有条件相关性、不确定性和情境性，算法是在社会环境中由专业技术所构建的。从这个角度来看，"算法"是一个更广泛的装置中的一个元素，它永远不能被理解为一种技术性的、客观的、公正的知识形式或操作模式。

除了批判性地思考算法的本质之外，还需要考虑算法的运作过程、影响和本身作为一种权力手段的特殊性。基钦和道奇（Kitchin&Dodge）指出，就像算法不是知识的中立、公正地表达一样，它们的工作也不是冷漠和不带政治色彩的。算法可以搜索、整理、排序、分类、分组、匹配、分析、描绘、建模、模拟、可视化的工作，并可以调节人员流放、流程设计以及场景应用。它们塑造我们理解世界的方式，以软件的形式对世界产生影响。

然而，作者也指出，算法的影响或其能力并不总是线性的或可以预测的。原因有三：首先，如戈菲（Goffey）所言，算法是更广泛关系网络中的一部分。而关系网络调节和折射了算法的影响，例如糟糕的输入数据将导致较差的结果。其次，斯坦纳（Steiner）解释说，算法的性能虽然强大，但可能会产生副作用和意外后果，如果不加以管理或监督，可能会产生负面影响[2]。第三，在迪亚科普洛斯和德鲁克（Diakopoulos&Drucker）看来，由于解译或编码错误，算法可能会有偏差或出错。此外，一旦计算被公开，算法就会经历一个驯化的过程。用户将这种技术，以各种方式嵌入到他们的生活中，并且可以通过不同方式使用它，或者抵制、颠覆和重新设计算法的意图。

三、研究算法

作者认为加深我们对算法理解的逻辑方法是集中在算法上进行详细的实证研究。

文章特别引用了布罗卡斯、霍德、齐耶维茨（Barocas, Hood, & Ziewitz）提出的几种视角：一是把算

1　Montfort, N., Baudoin, P. et al., 10 PRINT CHR$ (205.5 + RND (1)): GOTO 10, Cambridge: MIT Press, 2012.
2　Steiner C. Automate this: How algorithms took over our markets, our jobs, and the world. New York, NY: Portfolio, 2012.

65

法作为计算机科学中的一种技术方法；二是从社会学角度出发，将算法作为程序员和设计者之间交互的产物进行研究；三是将算法作为法律上的人格和代理人，利用哲学方法研究算法伦理。同时作者指出，代码或软件研究的视角是研究嵌入算法中的政治和权力，研究它们在更广泛的社会-技术组合中的框架以及它们如何重塑特定领域。在本文中，作者对其中六种方法进行了批判性评价，而且指出了研究算法的三大挑战。

（一）挑战

1. 挑战一：访问黑箱

许多重要算法都是在不开放审查的环境中创建的，它们的源代码隐藏在无法读取的可执行文件中。编码通常在私人环境中进行，比如在公司或国家机构中，这就导致很难研究团队与编码团队进行沟通协商，更不要说观察他们的工作以及采访程序员或分析生成的源代码。因为算法通常为公司提供竞争优势，而且即使有保密协议，公司也不愿看到不利于自己知识产权的情况发生。公司还希望进一步限制用户，利用算法不公平地获得竞争优势的能力。对于开源编程团队而言，他们通过Github这样的存储库来访问要容易一些。即便如此，诸如Github这样的存储库在范围上也是有限的，所能访问的内容并不包括关键的专有算法。

2. 挑战二：算法的异构和嵌入

就像西维尔（Seaver）所言，即使人们获得算法的访问权，也很难将其直接解构。在代码中，各种算法交织在一起共同创建算法系统。算法系统通常是"集体创造、制作、维护和修改的作品，由许多人在不同时间以不同的目标完成"。它们可以由原始的公式与来自代码库的公式组合而成，包括在多个实例中再使用的股票算法。此外，它们被嵌入到复杂的社会-技术集合中，这些集合由一组异构的关系组成，其中可能包括成千上万的个体、数据集、对象、设备、元素、协议、标准、法律等。因此，它们的构造往往是相当混乱的，充满了"变动、修改和协商"，这使得在实践中解开它们表述背后的逻辑和原理变得困难。

3. 挑战三：算法的个性化、能动和不确定性特征

除了具有异构性和嵌入式特性外，算法在形式上很少是固定的，它们在实践中以多种方式展开工作。因此，算法具有个性化、能动性和不确定三个特征。算法在本质上不是固定的，而是涌现的和不断展开的。宫崎（Miyazaki）提到算法的静态情况。例如，在未打补丁的固件中，算法的运转是情景式的，是对用户的输入、交互行为以及场景中情况作出一系列反应。在其他情况下，算法及其在代码中的实例化经常被改进、重写、扩展和修补，在不同版本中迭代。斯坦纳（Steiner）举例指出，谷歌和Facebook等公司可能会实时运行数十种不同版本的算法，以评估它们的相对优点，而不能保证用户在某一时刻与之交互的版本与5秒钟后的版本相同。在某些情况下，代码已经被设定为进化，当它独立于创造者观察、实验和学习时，就会重写算法。

类似地，许多算法被设计成对输入是可反应的和可变的。就像布赫（Bucher）[1]指出，Facebook的前沿排名算法（决定哪些帖子以及以何种顺序被输入到每个用户的时间轴上）并不是以静态、固定的方式起作用，而是与每个用户协同工作，根据用户与"朋友"的互动方式对帖子进行排序。算法的参

1　Bucher T. Want to be on the top? Algorithmic power and the threat of invisibility on Facebook. New Media and Society, 2012, 14(7): 1164-1180.

数是根据情境进行加权和流动的。在其他情况下，随机性可能被内置到算法的设计中，这意味着它的结果永远不能被完美地预测。也就是说，用户输入相同数据的结果可能会因情境原因而有所不同。因此，理解算法的工作和效果，需要对它们在情境、时间和空间中发生的偶然性比较敏感。实际上，不能将单个或有限参与算法的行为简单推广到所有案例，而需要采用一组比较案例研究，或者使用相同算法在不同条件下进行一系列实验。

（二）算法的研究方法

考虑到这些挑战，作者在文章中的最后部分对评估算法的六种方法进行了评价。他认为这对阐明算法的本质和工作方式、它们在社会－技术系统中的嵌入、发挥的作用和自身权力，以及处理和克服获取源代码的困难上都有很大帮助。每种方法都有其优点和缺点，它们的使用并不相互排斥。因此，结合使用两种或两种以上的方法能够弥补单独使用它们的缺点，并带来很大的收获。

1. 研究伪代码或源代码

理解一个算法最简明的方法就是检查它的伪代码（复杂任务或难题转换为可执行程序的过程）或它在源代码方面的构造。克里萨和塞德克（Krysa & Sedek）认为具体操作中有三种方法可以实现[1]。第一种方法是仔细地解构伪代码或源代码，分解规则集以确定算法如何翻译输入以产生结果。具体而言，这意味着仔细筛选文档、代码和程序员注释，追踪算法如何处理数据和计算结果，并解码构建算法所进行的翻译过程。第二种方法是绘制出算法在不同版本的代码中如何随时间变化的谱系图。第三种方法是研究如何将相同的任务翻译成不同的软件语言，以及在不同平台上运行的。这是蒙特福特（Montfort）等人在探索"10 PRINT"算法时使用的一种方法，他们编写代码以在多种语言中执行相同的任务，并在不同的硬件上运行，还调整了参数，以观察引入的特殊情况和可支持性。

作者认为，这些方法一定程度上揭示了算法的构建过程。描述了算法是如何通过处理抽象和实际数据以完成任务，以及算法怎样借助各种参数和规则以实现自我赋权。但上述方法仍然面临三个问题。首先，正如钱德拉（Chandra）所指出，解构和追踪一个算法是如何在代码中构造并随时间变化并不容易[2]。代码的形式通常是混乱无序的。即使是生成算法的公司也很难解开自己设计的算法和程序。其次，它要求研究人员既是算法领域的专家，又能够作为程序员拥有足够的技能和知识。这样，研究人员才能研究透彻一个看起来无序的算法。实际上，很少有社会科学家和人文学者拥有这样的条件。第三，这些方法在很大程度上使算法脱离了更广泛的社会－技术组合和它本身的应用。

2. 自反地生成代码

作者提出的另一种方法是自我民族志，描述对象是两种实践活动，包括将任务翻译成伪代码以及由代码生成具体算法。在这里，研究人员不是研究别人创造的算法，而是反思和批判性地质疑自己翻译和构建算法的经验。研究人员需要探索翻译某项任务的实践活动，剖析创造和开发算法的理念，以及审视编写和修改代码的行为等。同时，他们还要解释上述行为在广泛社会背景和技术要素影响下是如何被塑造的。齐耶维茨（Ziewitz）利用这种方法来反思如何生成一种随机的路由算法来引导一条人行道穿过城市，反思任务本身存在的本体不确定性，以及在实践中创建规则集和参数的混乱和偶然的过程。类似地，乌尔曼（Ullman）使用这种方法来考虑软件开发的实践，以及这种实践在她的职

1 Krysa J, Sedek G. Source code//Fuller M. Software studies ── A lexicon, Cambridge: MIT Press, 2008, 236–242.
2 Chandra V. Geek sublime: Writing fiction, coding software, London: Faber, 2013.

业生涯中是如何变化的。

作者认为虽然这种方法将为如何创建算法提供有用的见解，但它也有一些局限性。首先是进行自我民族志研究时涉及的固有主观性，这也导致难以超越自身认知局限，同时获得近距离观察的机会也不多。此外，还有一种可能性是，在自我反思和理解的过程中，目前所发生的事情可能会早已悄然发生改变。此外，这种研究方法还将任何非表征性的、无意识的行为排除在分析之外。其次，人们通常希望研究对人们日常生活有实际具体影响的算法和代码，比如那些用于算法治理的算法和代码。实现这些的方法是为开源项目做贡献，将代码整合到其他人使用的产品中，或者作为一名程序员寻求进入商业项目的途径（在公开的、经过批准的基础上，并有保密协议）。

3. 反向工程

在代码仍然是黑盒的情况下，对其工作核心算法感兴趣的研究人员只能选择尝试对已编译的软件进行反向工程。迪亚科普洛斯（Diakopoulos）解释说："反向工程是通过严格的检查，利用领域知识、观察和演绎来阐明系统规范的过程，从而挖掘出一个系统如何运行的模型。"虽然软件生产商可能希望自己的产品保持不透明，但每个程序都有两个开口可以提供查询渠道：输入和输出。通过检查输入到算法中的数据和产生的输出，这样就有可能开始对算法的配方是如何组成的及它的用途进行反向工程。

反向工程的主要方法是使用精心挑选的虚拟数据，观察在不同的场景下会输出什么。曼克和尤普里查德（Mahnke & Uprichard）对此进行举例，研究人员在多个司法管辖区的多台计算机上使用相同的术语搜索谷歌，以了解其PageRank算法是如何构建的，以及如何工作。布赫（Bucher）提到他们或者可以尝试在Facebook上发布帖子并与之互动，以尝试确定其EdgeRank算法是如何在用户的时间线上对帖子进行定位和排序的。

西维尔（Seaver）认为反向工程虽然可以为嵌入算法的因素和条件提供一些说明，但它们通常缺乏特殊性。迪亚科普洛斯（Diakopoulos）指出，它们通常只提供算法如何工作的部分理解，而不是它的整体过程。一种试图提高清晰度的解决方案是雇佣机器人，雇佣者假扮成用户，能够更全面地参与系统，运行虚拟数据和交互。然而，正如西维尔（Seaver）所指出的，许多专用系统意识到许多人在试图入侵它们的算法。因此，阻止机器人用户的此类行为。

4. 采访设计人员或对编码团队进行民族志研究

作者认为虽然解构或反向工程代码可能会对算法的工作原理提供一些见解。但这种方法提供的仅仅是对算法设计者意图的推测，并检查如何和为什么需要一种不同的方法来生成算法。采访设计师和编码人员，或者对编码团队进行民族志研究，提供了一种揭露算法生产背后故事的方法，并对其目的和假设进行询问。

迪亚科普洛斯、麦肯齐、马杰（Diakopoulos, MacKenzie, Mager）指出，在第一种情况下，受访者被问及他们如何框架目标、创建伪代码，并将其翻译成代码，询问具体相关的设计决策。在第二种情况下，研究人员试图花时间在编码团队中，观察编码人员的工作，与他们讨论并参加相关的活动。前者的一个例子是罗森伯格（Rosenberg）对一家公司在生产新产品时做了3年的研究。在此期间，他获得了对该公司进行全面访问的权限，包括与编码员交谈以及访问团队聊天室和电话会议。后者的一个例子是塔赫塔耶夫（Takhteyev）对开源编码的研究，他在里约热内卢的一个项目中进行代码的开发。在这两种情况下，罗森伯格（Rosenberg）和塔赫塔耶夫（Takhteyev）都对算法和软件产生的偶然性、关系性和情境性产生了深刻见解，尽管在这两种情况下，算法和它们工作的特殊性都没有被分解和细化。

5. 解开算法的全部社会—技术组合

作者总结道，算法不是单独制作或工作的，而是技术堆栈的一部分。技术堆栈包括基础设施硬件、代码平台、数据和接口，它被知识、法律、政府、机构、市场、金融等形式所构建。要对算法有更广泛的理解，就需要检查它们全部的社会–技术组合，包括分析将系统置于计算逻辑中的原因。蒙特福特、拿波里（Montfort et al.，Napoli）等人指出[1]，对编码项目以及围绕其更广泛制度机制（例如，管理和制度协作）的访谈和民族志，是能够得出一些认识的，但还需要辅以其他方法。例如，对公司文件、宣传和工业材料、采购招标、法律和标准框架进行话语分析，参加交易会等公司间的交流，研究各机构的做法、结构和行为，记录关键人物的生平和项目的历史等等。

6. 研究算法是如何对世界造成影响的

作者认为考虑到算法对世界确实有积极影响，重要的不仅仅是关注算法的构建以及它们在更大范围内的生产，而且还要检查它们是如何在不同的领域被部署来执行多种任务的。而这不能仅仅从算法或代码的检查中简单得出，主要有两方面的原因。首先，由于存在缺乏精细化、编码错误、误差和漏洞等问题，算法在理论上的设计目的和实际操作并不总是一致。其次，算法是在不同的环境中执行的——在不同的条件下与数据、技术、人员等协作——因此，它们的影响是以偶发的和相互关联的方式展开，产生本地化和情境化的结果。

加洛韦（Galloway）认为[2]，用户使用某种算法进行娱乐或者工作时，不仅仅是简单地使用算法而已，而是和算法共同学习。算法和用户两者进行互动。算法的行为方式在经过用户参与后，也会发生改变。这是因为算法的行为实际上是取决于它从用户那里收到的输入。因此，我们只能通过观察算法在不同条件下的影响来了解算法是如何改变日常生活的。

朗格莱特（Lenglet）指出[3]，开展这类研究的一种方法是进行民族志研究，研究人们如何与算法系统互动以及这些系统如何重塑组织的运作方式和组织结构。这种方法还将探索人们抵制、颠覆算法影响的方式，并重新部署算法，以达到人们原本未计划达到的目的。这种研究需要详细的观察和访谈，其中需要重点关注的是不同的人如何在不同情况下使用特定系统和技术。还需要注意个体是如何通过软件与算法交互的，包括个体对自己意图的评估，个体对正在发生的事情和相关后果的感知，个体参与过程中的策略、感受、关注等。

四、结　语

每天，人们都会接触到嵌入到软件中各种算法，这些算法操纵着通讯、公用事业和交通基础设施，并为各种数字设备提供动力。这些算法具有颠覆性和变革性作用，可以重新配置系统的运行方式，制

1　Montfort, N., Baudoin et al., *10 PRINT CHR$ (205.5 + RND (1)): GOTO 10*, Cambridge: MIT Press, 2012. Napoli, P. M., *The algorithm as institution: Toward a theoretical framework for automated media productionand consumption*, Paper presented at the Media in Transition Conference, Massachusetts Institute of Technology, Cambridge, MA. (May, 2013), Retrieved from ssrn.com/abstract = 2260923.
2　Galloway A R. Gaming: Essays on algorithmic culture. Minneapolis. University of Minnesota Press, 2006.
3　Lenglet M. Conflicting codes and codings: How algorithmic trading is reshaping financial regulation. Theory, Culture & Society, 2011, 28(6): 44–66.

定新的算法治理形式,并促成新的资本积累形式。然而,尽管算法的权力越来越大,到目前为止,与大量从更技术的角度研究算法的文献相比,对算法的批判性分析非常有限。因此,人文社科需要关注算法本身及算法治理的形式。这篇文章对这一努力的贡献是:推进对算法作为偶发的、个体发生的、行为性的并嵌入到广泛的社会–技术组合的理解;详细说明算法学者所面临的认识论和实践上的挑战;批判性地评价6种有前途的方法选择,以经验研究理解算法。同时,作者并非要消除方法的多样性,而是鼓励通过对不同立场进行综合、比较和评估,以此实现方法上的创新。同样,作者选择的6种评估方法绝不是唯一有效的方法。需要关注的一点是,那些能够访问伪代码、代码和编码人员的研究可能才是最有启发性的。此外,还有两点需要在未来的研究中加以注意:一是尽量将这些方法有效地结合使用,以克服上述挑战;二是积极寻找其他有效的方法。对于后者,这些方法可以是民族方法学、调查、利用档案和口述历史的历史分析,以及比较案例研究。

专题

基于大数据的中国宏观经济政策不确定性测度与GDP短期预测研究

吴力波　徐少丹　马　戎[*]

摘要： 宏观经济系统内部存在大量非线性特征和不确定性关系，限制GDP预测的精确度。本文在个体对未来政策状态的主观信念基础上，构建了分析经济政策不确定性影响个体决策的理论框架。中国的公众预期在经济政策领域有两个特点：政策目标信息明确、政府信任度高。这两个特点构成了经济政策不确定性对中国经济产生宏观影响的重要基础。本文通过抓取互联网中52万多篇财经新闻，构建了中国宏观经济政策不确定性指数和细分领域指数，用来刻画宏观经济系统内部由于政策预期带来的不确定性特征，结合多元线性回归模型论证其具备改善短期GDP预测的能力；同时，本文进行了门槛回归建模，发现总体宏观经济政策不确定性对于其他经济变量对GDP的解释能力也存在显著的门槛效应。

关键词： 经济政策不确定性；互联网新闻；GDP预测；门槛回归

一、背景及问题描述

宏观经济的复杂性、动态性和随机性决定了经济系统内部存在大量非线性特征和不确定性关系，从而使得宏观政策调控预期的难度大大增加。如何刻画个体对于政策影响预期的差异性，成为实现更为有效的宏观经济预测的关键理论难点所在，这也是近年来兴起的行为宏观经济学关注的焦点。

经济政策不确定性反映市场预判未来政府经济决策的困难程度，其升高意味着市场偏离预期理性的可能性与程度有所提高。这一不确定性存在微观和宏观层面双重影响：一方面，不确定性较高环境下，企业往往表现谨慎，倾向于推迟投资、雇佣员工等长期决策。[1]因为不确定性增加了企业等待

---

* 作者简介：吴力波，复旦大学经济学院；徐少丹，同上；马戎，同上。

1　See Baker S R, Bloom N, Davis S J. Measuring Economic Policy Uncertainty, The Quarterly Journal of Economics, 2016, 131(4): 1593–1636; Gulen H, Ion M. Policy Uncertainty and Corporate Investment. The Review of Financial Studies, 2015, 29(3): 523–564.

投资的期权价值,同时加剧金融摩擦程度,提高融资成本;[1]同时也会对主要宏观变量产生负向冲击,包括GDP、投资、消费、CPI、汇率、股价等。过往对不确定性的测度研究通常采用事件分析方法展开,部分事件难以量化,而且难以形成连续变量。针对上述问题,[2]学者利用纸质新闻文本信息和文本处理方法构建了EPU指数(Economic Policy Uncertainty),使连续定量描述经济政策不确定性成为可能,然而其对中国指数的构建尚未进行细分,限制其实际应用价值。

而作为反映一国或者一个地区所有常住单位在核算期内生产活动最终结果的有效指标,GDP(国内生产总值)最终表现为来自宏观和微观经济表现的汇总。尽管国家统计局公布的季度GDP数据质量不断提升,但是仍然存在时效性偏低、后期调整幅度偏大、细分行业区域不足等问题,[3]从而限制了其作为短期国民经济走势预测支撑的现实意义。[4]由于宏观经济系统内部存在非线性特征和不确定性关系,导致传统计量模型在短期GDP的预测中往往效果不佳。

本文以经济政策不确定性的关注度,而非单纯经济指标关注度作为对象,通过将中文语料新闻信息进行结构化处理,对不确定性进行测度和细分。同时,从实证角度验证不确定性指数对短期宏观经济预测的有效性及其相较现有指数的优势,发现政策不确定性对宏观经济存在直接解释作用和门槛效应。

二、文献综述

(一)大数据在宏观经济预测中的作用

GDP(即国内生产总值)是一个国家或地区在某一既定时期内生产的所有最终物品和劳务的市场价值,能够反映出一个国家或地区经济发展状况。[5]对GDP进行合理预测,对于决策者掌握经济运行状态与评估相关经济政策具有重要意义。[6]目前,国内对季度GDP进行的定量预测,一般基于较低频度的结构化数据,如政府统计指标、部门调研数据等,并使用计量或统计模型进行预测,包括回归分析、时间序列、灰色预测、组合预测、混频数据抽样及分组处理模型等,在提升预测精度层面提供了重要贡献。[7]由于上述模型中使用的调查数据具有一定调查目的主观性,同时公布时间相对滞后,无法适应现时预测的需求;另一方面,由于宏观经济系统内部存在着非线性特征和不确定性关系,尤其面对一些突发事件时,往往预测能力不足,也即对于经济运行不确定性的刻画尚存不足。

1　See Klößner S, Sekkel R. International spillovers of policy uncertainty. Economics Letters, 2014, 124(3): 508-512; Handley K, Limao N. Trade and Investment under Policy Uncertainty: Theory and Firm Evidence. American Economic Journal: Economic Policy, 2015, 7(4): 189-222.

2　See Baker S R, Bloom N, et al. Measuring Economic Policy Uncertainty[J]. The Quarterly Journal of Economics, 2016, 131(4): 1593-1636.

3　参见何强.利用大数据预测季度GDP增速的思路探索.中国统计,2018,9,;杨利雄、张春丽.中国季度GDP初步核算数据质量的评估.统计与决策,2018,14:

4　See Jiang Y, Guo Y, Zhang Y. Forecasting China's GDP Growth Using Dynamic Factors and Mixed-frequency Data. Economic Modelling, 2017, 66: 132-138.

5　参见熊志斌.基于ARIMA与神经网络集成的GDP时间序列预测研究.数理统计与管理,2011,2,

6　参见罗中德.中国GDP的季度调整模型及预测分析.统计与决策,2016,20,;陈黎明、傅珊.基于组合预测模型的GDP统计数据质量评估研究.统计与决策,2013,8,;刘汉、刘金全.中国宏观经济总量的实时预报与短期预测——基于混频数据预测模型的实证研究.经济研究,2011,3,

7　参见刘汉、刘金全.中国宏观经济总量的实时预报与短期预测——基于混频数据预测模型的实证研究.经济研究,2011,3,

近年来，大数据开始在宏观经济分析中扮演活跃角色，而早期大数据在宏观经济领域的运用集中在基于现有经济指标的预测精度改善，突破传统政府统计指标的限制，使用非传统数据进行了指标的补充和完善。[1]部分研究使用谷歌搜索指数对失业救济相关关键词进行搜索查询，并发现这一指数能够改善对美国失业津贴的初始索赔情况的预测情况，[2]也有研究同样利用搜索查询数据预测了比利时宏观经济先行指标，并发现预测精度改善有相当一部分可通过前者来进行解释说明；另一方面，学界也开始关注宏观经济预期效应，挖掘网络社交媒体对于宏观经济预测的显著意义。[3]学者发现基于推特平台表达的公共情绪可用作股市走势预测，并发现情绪指数对道琼斯工业平均指数的预测日精度可大幅改善。[4]上述数据相比传统政府统计指标，实时性较强，较好地排除了未来时点信息对某一过去时点数据的干扰，具有即时性和不包含噪声信息的特点。但实证中，[5]实时数据存在数据整理较为困难、大多为非结构化数据的缺点，又制约了其应用；[6]国内研究也发现，互联网搜索数据等大数据源虽有助于预测宏观经济，但其数据序列包含的噪声信息往往较大，无法替代传统宏观经济统计数据的预测功用。

随着大数据运用技术快速发展，学者和机构尝试直接用大数据生成新的宏观经济指标。[7]部分研究利用移动通信数据构建人口流动指标，通过构建数学模型计算社会经济水平，发现两者间存在正向关联，可通过这一指标预测社会经济水平；[8]也有研究则利用用户通信记录和支付信息分析地区收入水平分布，发现通信紧密的人之间收入水平相近，进而可用作地区贫富差距情况的分析与研究；[9]部分研究利用移动通信大数据构建用户流动变量、用户关联变量和用户消费变量，对宏观经济状态进行监控和预测，从而进行有效的政策规划；[10]比较有代表性的研究基于美国十家新闻报刊信息，通过对"经济"、"政策"、"不确定性"三类词汇进行筛选，构建各国各领域的宏观经济政策不确定性指数，并发现其对股市波动、企业生产行为存在明显影响。

（二）宏观经济政策不确定性的度量与应用

从宏观经济预测本身而言，所使用的模型具有固定的形式和明确的变量，其预测在本质上仍属于对未来的期望，而在目前使用的包括传统政府统计指标和大数据非传统信息等，大多指代明确，而对

1　See Choi H, Varian H. Predicting Initial Claims for Unemployment Benefits. Social Science Electronic Publishing, 2010.

2　See Bughin J. Google Searches and Twitter Mood: Nowcasting Telecom Sales Performance. Netnomics Economic Research and Electronic Networking, 2015, 16(2): 87-105.

3　See Bollen J, Mao H, et al. Twitter Mood Predicts the Stock Market. Journal of Computational Science, 2011, 2(1): 1-8.

4　See Stark T, Croushore D. Forecasting with A Real-time Data Set for Macroeconomists. Journal of Macroeconomics, 2012, 24(4): 507-531.

5　参见耿鹏、齐红倩. 我国季度GDP实时数据预测与评价. 统计研究, 2012, 1.

6　参见刘涛雄、徐晓飞. 大数据与宏观经济分析研究综述. 国外理论动态, 2015, 1.

7　See Frias-Martinez V, et al. Characterizing Urban Landscapes Using Geolocated Tweets. Privacy, Security and Trust, IEEE, 2012.

8　See Gutierrez T. Evaluating Socio-economic State of a Country Analyzing Airtime Credit and Mobile Phone Datasets. Computer Science, 2013.

9　See Lokanathan S, Gunaratne R L. Behavioral Insights for Development from Mobile Network Big Data: Enlightening policy Makers on the State of the Art. Available at SSRN, 2014, 2522814.

10　See Baker S R, Bloom N, et al. Measuring Economic Policy Uncertainty. The Quarterly Journal of Economics, 2016, 131(4): 1593-1636.

不确定性本身缺乏说明,同时也较少涉及对政府层面行为的指代。然而从目前研究看,经济政策不确定性对于经济运行存在微观及宏观层面的显著影响,[1]按照实物期权理论,发现在短期内不确定性上升会提高企业推迟投资的期权收益,尽管这一影响在长期内并不显著;[2]学者发现政策不确定性会阻碍FDI的流入以及跨国企业进入本国市场;因而只有在宏观经济预测中纳入政策不确定性因素的考量,才能完整地刻画经济运行的实际。

现有测度宏观经济政策不确定性方法大致有三类:首先,过往研究通常采用事件分析方法展开,部分事件难以量化,且往往为非连续变量;[3]其次,部分学者也尝试通过对随机宏观模型(如DSGE模型)中的政策工具扰动项采用校准或实证估计(比如VAR)等方式进行刻画;而近年来,指数构建法逐渐被学界采用,包括国内外学者都对该领域有所涉及。[4]部分研究基于新闻数据,统计不确定性短语出现的文章频数,标准化后完成指数构建,在此之后,宏观经济政策不确定性指数的构建工作逐渐展开,[5]后续研究则利用LDA模型对Baker提出的指数构建方法进行优化,与Baker方法构建的指数相关系达到0.94;[6]国内学者则基于中文语料集,完成中国财政政策不确定性指数构建,并细分为财政支出和税收政策不确定性指数。

从指数应用角度看,[7]Baker的研究率先使用面板回归和VAR模型研究了EPU对于投资、金融市场风险等层面的影响,后续有关汇率、股债联动性、企业融资等问题的研究也基本遵循这一思路进行;[8]部分学者尝试分离包含经济政策不确定性指数的决定因素,这对于经济政策不确定性的内生性问题有重要解释意义。[9]而从微观层面来看,政策决策会直接影响企业的投资和生产决策。同时,研究发现EPU对投资市场存在显著效应。[10]例如,经济政策的不确定性会影响中国上市公司的企业投资。[11]部分研究提出了公司级资本投资与未来政策和监管结果相关的不确定性总水平之间存在显著

1　See Bloom N, Bond S, et al. Uncertainty and Investment Dynamics. The Review of Economic Studies, 2007, 74(2): 391–415.

2　See Handley K, Limao N. Trade and Investment under Policy Uncertainty: Theory and Firm Evidence. American Economic Journal: Economic Policy, 2015, 7(4): 189–222.

3　See Bloom N, Bond S, et al. Uncertainty and Investment Dynamics. The Review of Economic Studies, 2007, 74(2): 391–415; Christensen I, Dib A. The Financial Accelerator in an Estimated New Keynesian Model. Review of Economic Dynamics, 2008, 11(1): 155–178;纪尧.GDP增长率不确定性测度的比较研究.统计与决策,2017,1.

4　See Baker S R, Bloom N, et al. Measuring Economic Policy Uncertainty. The Quarterly Journal of Economics, 2016, 131(4): 1593–1636.

5　See Azqueta-Gavaldón A. Developing News-based Economic Policy Uncertainty Index with Unsupervised Machine Learning[J]. Economics Letters, 2017, 158, 47–50.

6　参见朱军.中国财政政策不确定性的指数构建,特征与诱因.财贸经济,2017,10.

7　See Baker S R, Bloom N, et al. Measuring Economic Policy Uncertainty. The Quarterly Journal of Economics, 2016, 131(4): 1593–1636.

8　See Duca J V, Saving J L. What Drives Economic Policy Uncertainty in the Long and Short Runs: European and US Evidence over Several Decades. Journal of Macroeconomics, 2018, 55, 128–145.

9　See Schweitzer M E, Shane S. Economic Policy Uncertainty and Small Business Expansion. Economic Commentary, 2011, 24.

10　See Wang Y, Chen C R, et al. Economic Policy Uncertainty and Corporate Investment: Evidence from China. Pacific-Basin Finance Journal, 2014, 26, 227–243.

11　See Gulen H, Ion M. Policy Uncertainty and Corporate Investment. The Review of Financial Studies, 2015, 29(3): 523–564.

的负相关关系。[1]从宏观层面看,经济政策不确定性指数首先对市场情绪存在显著影响;[2]同时也有学者发现经济政策不确定性存在国家间的溢出性等,对传统宏观经济的研究提供了新的思路和代理变量;而从预测工作来看,[3]经济政策不确定性指数在汇率预测也发挥了一定作用,[4]也有学者使用经济政策不确定性指数、油价及投资者情绪集成预测了部分国家的股市收益率。

　　本文着力构建政策不确定性影响宏观经济的理论框架,并基于该框架提出反映中国经济政策不确定性内在结构性特征的新指数,检验其对于提升GDP短期预测能力的贡献度。笔者在主观信念假设基础上,明确宏观经济政策不确定性对宏观经济产生影响的条件与因素,对该类指数的实证应用提供理论基础;在实证方面考虑不确定性指数可能存在的内在结构变动,通过构建分领域细化指数,分解总体政策不确定性的影响来源与其作用机制;最后将总指数和分指数纳入短期GDP预测中,改进局限于传统政府统计指标的模型预测效果,并通过实证检验发现政策不确定性对于经济的影响可能存在直接(作为解释变量产生影响)和间接(影响其他解释变量的解释能力)作用。

三、理论框架:不确定性对经济的影响机制

(一)基本框架设定

　　经济政策不确定性来源于政府决策的偶然性,以及政府与经济主体间的信息不对称性。本文假设经济中具有理性的政府,政府官员没有寻租动机,政府目标是最大化全社会福利。但是在信息不对称的条件下,由于经济中的主体存在对政策状态的不确定性,导致政策与经济主体行动之间无法完全协调一致,经济政策不确定性衡量了这种不协调的程度。假设经济中的人口由代表性个体构成。代表性个体的目标是最大化期望效用,这一决策过程依赖于个体预期中各类政策环境会在多大概率下出现。当个体对政策环境的主观预期发生变化时,控制其他因素不变,最优决策也会随之变化,在实际经济中这种变化表现为一部分类型消费、生产投资与金融投资的调整。这也是本文理论部分的核心观点。

　　本文将代表性个体的经济活动抽象为两个时期,分别用 $t=0$、$t=1$ 标记。[5]本文对决策时期的设置参考了现有研究的行为决策框架。个体在第0期中进行经济预期,完成支出决策,并选择合理的储蓄水平;在第1期中,个体"使用"第0期中购买的商品(消费品或投资物),并获得相应的效用。即支出的决策和效用的实现在时间上是分离的。在第1期中,世界的基本状态由政策外生决定。本文基于两种世界状态展开讨论,两种基本状态分别表示为 s_1 和 s_2。对于第0期的个体而言,世界状态尚未实现,无法充分预期。因此,个体 i 对未来世界状态的判断表现为主观概率形式,s_1 和 s_2 的主观发生概率

1　See Dragouni M, et al. Sentiment, Mood and Outbound Tourism Demand. Annals of Tourism Research, 2016, 60, 80–96.

2　See Liow K H, et al. Dynamics of International Spillovers and Interaction: Evidence from Financial market Stress and Economic Policy Uncertainty. Economic Modelling, 2018, 68, 96–116; Roubaud D, Arouri M. Oil Prices, Exchange Rates and Stock Markets under Uncertainty and Regime-switching. Finance Research Letters, 2018, 27, 28–33.

3　See Kido Y. On the Link between the US Economic Policy Uncertainty and Exchange Rates. Economics Letters, 2016, 144, 49–52.

4　See Ftiti Z, Hadhri S. Can Economic Policy Uncertainty, Oil Prices, and Investor Sentiment Predict Islamic Stock Returns? A Multi-scale Perspective. Pacific-Basin Finance Journal, 2019, 53, 40–55.

5　See Bénabou R, Tirole J. Mindful Economics: The Production, Consumption, and Value of Beliefs. Journal of Economic Perspectives, 2016, 30(3): 141–164.

分别为 P_1^i 和 P_2^i。在第 0 期进行经济决策时，个体依赖主观概率进行支出决策。

在第 0 期中，支出可以分为两种类型。第一类支出不受世界状态 s 的影响；第二类支出在不同世界状态 s 下的实际价值不同。两类支出的实际使用都发生在第 1 期。由于世界状态 s 在第 0 期尚未实际确定，支出的实际价值并未确定。事实上，第二种支出在第 1 期的实际价值与第 0 期的支出量之间的差别表现为一种实物期权收益，而两种世界状态间的不确定性构成第二类支出的风险。本文关于世界状态的设定，可以通过合约消除不同状态间的收益差距的观点不同。本文认为金融市场无法为所有类型的支出提供阿罗证券，即金融市场不完全，这一设置建立在前人研究的基础上，[1] 进一步假设第二类支出的实际价值随世界状态不同而产生差异，并且差异无法通过合约形式消除。这里，支出是一种广义的概念，关键性质在于其实际价值是否依赖于由政策环境所决定的世界状态。

主体 i 在第 0 期的面临的期望效用最大化问题可以表示为：

$$Max\ E^i(U) = P_1^i \cdot U_1[C_0, R_1(C)] + (1-P_1^i) \cdot U_2[C_0, R_2(C)] \tag{1}$$

$$s.t.\ C_0 + p \cdot C \leq W-S \tag{2}$$

$$U_s^i(C_0, C) = \frac{C_0^\alpha}{\alpha} + \frac{[R_s(C)]^\beta}{\beta} + \frac{S^\rho}{\rho}\ for\ s=1\ or\ 2 \tag{3}$$

其中，$E(U)$ 为个体在不同世界状态间的期望效用，P_1^i 和 $(1-P_1^i)$ 分别为个体判断世界处于状态 1 与状态 2 下的主观概率。经济中存在两种商品，C_0 和 C，分别对应第一类和第二类支出。其中，C_0 不受世界状态影响，C 受世界状态影响，其第 0 期购买量需要经过一定的映射函数，转换为主体在第 1 期可以获得的实际价值。$R_1(\cdot)$、$R_2(\cdot)$ 是两种世界状态下商品 C 的实际价值函数。预算约束中将 C_0 的价格标准化为 1，C 的相对价格为 p。W 为个体的可支配财富，包括自有财富和通过融资渠道获得的资产（比如，现金），S 为储蓄项，以无风险资产的形式存在。值得注意的是，个体通过杠杆融入资金和储蓄项大于 0 这两种情况可以同时存在，这一设置也符合现实情况。个体决策的约束条件为两种支出加总应小于可支配财富 W 减去储蓄 S，在本文中认为 W 为外生变量。效用函数为加入储蓄项的 CES 形式，储蓄项体现了当前两期内的消费与未来时期消费间的替代关系，弹性系数 α、β、ρ 在 0 到 1 之间。本文理论框架为静态模型，对效用函数的设置隐含了 Bellman 方程的思想，但本文简化并略去了无穷期动态规划问题，用储蓄项表示未来效用与第 1 期效用间的权衡。$U_s^i(C_0, C)$ 为 s 状态下跨期效用的加总，假设两个时期之间足够接近，决策者的心理跨期贴现率等于 1，这一设定简化了讨论而不失一般性。

（二）最优决策

模型一阶条件：

$$\alpha \cdot C_0^{\alpha-1} = P_1^i \cdot [R_1(C)]^{\beta-1} \cdot R_1'(C) + (1-P_1^i) \cdot [R_2(C)]^{\beta-1} \cdot R_2'(C) = p \cdot S^{\rho-1} \tag{4}$$

设实际价值函数为线性形式。则 $R_1(C) = a \cdot C$，$R_2(C) = b \cdot C$，其中 a, b 为常数。假设各类选择间弹性系数相等，即 $\alpha = \beta = \rho$，该假设只会影响初始的最优决策下各类支出的比例，而对本文的主要结论

1　See Arrow K J. Alternative Approaches to the Theory of Choice in Risk-taking Situations. Econometrica, 1951, 19(4): 404-437.

不会产生影响。当 $a, b > 1$ 时,代表两种外生政策状态均会带来第二类支出 C 的价值上升,从而带来额外的效用;当 $a > 1, 0 < b < 1$ 时,第二类支出 C 在状态 s_1 下实际价值上升,在状态 s_2 下实际价值下降。

此时,一阶条件可以表示为:

$$\alpha \cdot C_0^{\alpha-1} = [P_1^i \cdot a^\beta + (1-P_1^i) \cdot b^\beta] \cdot C^{\beta-1} = p \cdot S^{\rho-1} \tag{5}$$

$$C^* = \frac{1}{1+2\theta} \cdot W, \quad C_0^* = \frac{\theta}{1+2\theta} \cdot W \tag{6}$$

$$\theta = p^{\frac{1}{1-\alpha}} \cdot [P_1^i \cdot a^\beta + (1-P_1^i) \cdot b^\beta]^{\frac{1}{\alpha-1}} \tag{7}$$

第0期中总支出决策为:

$$C^* + C_0^* = \left(1 - \frac{\theta}{1+2\theta}\right) \cdot W \tag{8}$$

当 θ 时,C^* 上升,C_0^* 与 s 下降,第0期总支出决策上升。θ 取决于两方面因素:第一,θ 取决于第二类支出的相对价格水平。当第二类支出 C 的相对价格下降时,θ 会随之下降。举例而言,控制其他因素,当货币供给环境更加宽松时,较低的借贷融资的成本下居民更有可能购买具有风险的资产,比如房产。第二,θ 取决于主观概率 P_1^i,P_1^i 上升导致 s_1 下的实际价值系数 a 在 θ 中的权重更高,b 在 θ 中的权重更低。当 $a > b$ 时,P_1^i 上升说明主体更有信心认为政府将实行"利好政策",支出 C 有更大概率具有较高的实际价值,从而导致 θ 减小,此时主体将减少储蓄,购买更多的 C。C 是抽象化了的经济决策,关键性质在于其实际价值依赖于由政策环境所决定的世界状态。结合现实来看,具有该性质的经济行为可以经过适度变换,转化为类似的决策形式,有两种机制体现上述性质:第一,使用价值机制,当第二类支出对应的实物在不同政策环境下的实际使用价值不同时,即便由于市场不完全导致价格未发生充分变化或者商品无法自由出售,政策不确定性对第0期决策的影响仍然存在。举例而言,购买某一城市的房产,其居住体验依赖于当地政府的基建投资和环保执行力度。[1]例如,国内研究通过中国30省市面板数据证明,公共投资会引发房地产溢价。政策状态会影响第1期的效用,从而影响 C 的最优决策水平。第二,价格机制,当第1期中 C 产生了增值时,可以理解为主体获得了投资收益,在市场摩擦程度较小,产权交换相对自由时,增值的 C 可以带来额外的消费与效用。本文的最优化条件中没有明确体现这一交换过程,但通过正的边际效用间接体现了该机制,C 的价格上升在现实中意味着个体资产的正向扩张和消费能力的上升。

(三)不确定性(uncertainty)对最优化决策的影响

在其他条件不变的情况下,仍然假设实际价值函数为线性形式,$a > b$,主体最优决策取决于对政策状态的预期主观概率。主体 i 的主观概率方差 $\sigma_i^2 = P_1^i(1-P_1^i)$ 代表主体 i 对未来政策状态的不确定程度。σ_i^2 增大对 C^* 没有确定的影响方向,C^* 上升或下降取决于 P_1^i 的初始水平。

社会中的个体可以标准化到区间 $\Omega = [0, 4]$ 上。个体的主观概率服从特定分布。本文将主观概率分布视为外生条件。在宏观层面,总体的经济政策不确定性升高意味着有更多经济主体的主观概率

---

1 参见周京奎、吴晓燕.公共投资对房地产市场的价格溢出效应研究——基于中国30省市数据的检验.世界经济文汇,2009,1.

方差增大。在经济主体信念异质性较大且分布分散的情况中，不确定性的普遍升高带来相互抵消的效应，对经济总量的影响预期会较小；但在社会存在群体的共识时，不确定性的普遍升高代表主观概率的同趋势调整，带来经济总量显著变动。

现实中对于政策的信念分布主要取决于两种因素。第一，政策信息的明确程度。政策的目标与实施过程更加透明时，市场对于未来政策状态的判断会更明确，信念会更加集中于特定状态。第二，市场对政策信息的信任程度，当市场对政府公布的政策目标、经济规划等承诺的信任程度更高时，信念会更加集中于特定状态。在宏观经济层面，[1]受政策决定的两种基本的世界状态 s_1、s_2 可以划分为"成功实现政策目标"与"政策未能实现其目标"，此时的 P_1^i 代表事件{对于个体 i 而言，政策在第 1 期中成功}的概率。

在此基础上，中国经济的基本特征导致市场对经济政策的不确定性预期会对经济运行产生影响。首先，中国经济的中长期规划较为明确。中国从 1953 年开始制定"五年计划"，涉及各类政策的目标与路径。中央政府在每年年末召开中央经济工作会议，分析研判国内外经济形势，并制定未来一年的经济规划。第二，中国政府信任程度较高。Edelman 公司"2018 年全球信任度晴雨表"报告显示，中国民众对政府、媒体和企业的信任度处于全球首位，68% 的受访者认为"政府将带领民众走向更好的未来"，而美国受访者中认为美国政府可以实现该目标的比例为 15%。上述两点因素使中国公众相对而言具有一致的政策预期，因此经济政策不确定性上升会在宏观层面产生普遍影响。

四、基于大数据的宏观经济政策不确定性指数构建

早期大数据在宏观经济领域主要集中于提高传统方法下预测数据精度。随着大数据发展，越来越多的学者和机构尝试直接用大数据生成新的宏观经济指标。Baker 对中国经济政策不确定性指数（后称 BCEPU），其通过《南华早报》（香港媒体）新闻信息，根据是否存在相关属性词汇，判断其能否满足"经济、政策、不确定"三个属性，并将满足要求的新闻数量除以总新闻数，获得原始 BCEPU 指数序列。

（一）基于中文新闻文本的必要性

由于中英文表达存在显著差异，特别是在对不确定性这一属性的描述上尤甚，[2]仅使用《南华早报》英文新闻信息可能存在一定问题。同时，由于不同媒体存在价值判断差异，且英文表述对事件的真实表达可能存在偏误，因而使用大陆媒体的中文新闻重新计算这一指数存在必要。另一方面，指数能否被用于经济研判和实践，应基于其是否参与真实经济运行进行考量。对经济社会中的个体，传统理性人假设可能无法满足，由于信息非对称和个体认知非理性特征，个体行为存在不可预知性，其决策也具备一定随机性，在此条件下个体决策加总也将形成整个经济系统运行的不确定性，并表现为市场主体的情绪波动和行为反馈等，而在新闻媒介迅速发展下，人的观点、行为都会被记录下来，并通过媒体进行表达，进而依靠社会联系进行传递和扩散，形成新的决策依据为决策者所考量，推进政策决策更新及相应的个体行为变化与认知调整，也即真实影响了经济运行。香港媒体观点对大陆的影响存

1　See Dixit A K, Weibull J W. Political Polarization[J]. Proceedings of the National Academy of Sciences of the United States of America, 2007, 104(18): 7351-7356.

2　关于不确实性的表达，英文常见"uncertain; uncertainty"，而中文则在"不确定、不确定性"以外，还有类似"难以确定、迷茫、不明确"等表述。

在局限,其论断对于大陆市场主体的决策改变也甚微,因而按照上述逻辑,其并未充分参与大陆的经济运行,由此构造的BCEPU指数也存在一定偏误。使用大陆中文新闻信息构建CEPU指数具有必要性。

（二）国内经济政策不确定性（CEPU）指数构建

本文通过爬虫技术抓取互联网新闻信息构建数据集。数据来源主要为中国新闻网[1],样本包含2008年8月至2019年3月共计52万余篇财经新闻。由于数据集本身为财经新闻,仅需对"政策"和"不确定性"两类[2]属性进行过滤,并计算相应原始指数,方法如下:

$$I_{t,cepu} = \frac{N_{t,epu}}{N_{news}}$$ (A.1)

$$I^N_{t,cepu} = I_{t,cepu} * 100 / I_{ave}$$ (A.2)

其中,$I_{t,cepu}$为CEPU指数的原始序列,表示满足属性要求的新闻数量($N_{t,cepu}$)占比;I_{ave}表示样本期间内原始指数序列平均值。在通用分词词典基础上,部分专有词汇则需通过人为设置对其进行保留,即某些经济领域专用词汇可能在通用分词词典下分解为多个短词汇,这对于真实的词汇解读会产生偏误,因而在实际分词过程中,本文额外根据专家经验知识补充4 000余个经济名词,保证对文章段落解读的完整性与真实性。

图1为CEPU指数与BCEPU指数的对比情况,两类指数由存在序列化处理差异,其绝对值水平差异参考意义较小,主要关注相对高点及持续水平情况;整体看,CEPU指数对国内事件反映较好,大

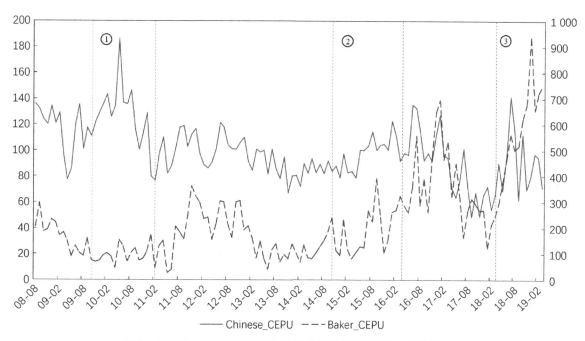

图1　2008—2019年CEPU与BCEPU指数事件对标效果比对

1　该来源为综合类新闻门户,本站原创并转载其他门户,如新浪网、人民日报、新华网等媒体的文章;本文使用的新闻信息主要来源于财经板块,主题包括金融、工业、农业、财政政策、货币政策及外汇市场等。
2　不确定性属性词汇包括"不确定、不确定性、难以确定、难以明确、不明朗、很难说、很难讲、徘徊、彷徨、不明晰、不清楚、不太清楚、不明晰、很难确定、迷雾、迷茫",政策属性则包括"政策、法规、规则、监管、制度、地方、政府、中央、机构、证监会、银监会、央行、中国银行、国务院、人民银行、改革、改制及变革"。

多重要的国内政治事件或政策区间皆有明确高点或高水平区间对应；BCEPU能更好地捕捉国际事件，但CEPU指数同样能够进行反映。从特定区间看，即上图虚线框出区间：第一个区间内，即2010年前后，刺激政策导致房价快速上升，通胀压力大，CEPU指数初显峰值并维持较高水平；第二个区间，811汇改以及国内收紧资本管制，形成对人民币汇率走势及外资投资的不确定性认知，CEPU指数整体水平也相对较高；第三个区间，即2018年3月以来，受贸易摩擦、全球经济紧缩等影响，两个指数都出现上升，但近期以来，CEPU出现反常波动，反映国内可能存在舆论安抚；总体看，CEPU指数在事件对标效果上要优于BCEPU指数。

（三）细分领域指数构建

进一步，通过细分指数，可考察不同时期细分领域相对贡献，也即政策不确定性的来源构成；目前的分类指数在前述方法基础上，额外增加对诸如货币政策，财政政策等领域词汇的筛选，对指数进行细分，但尚未落实至中国相关的指数；而从国内新闻看，纯类别新闻数量少，综合新闻较多，在简单计数方法下易出现高估的问题，因而需设定权重变化进行控制；本文设计了一种简明的权重调整方法，以降低综合新闻中每一类别的计数权重，基本流程见图2。在细分领域选择上，根据样本期间内重要经济事件分为8个类别，覆盖税收、外汇、股市、高端制造业等，对整体政策不确定性来源进行综合说明。表1给出对相应词汇进行了设置[1]。进一步，通过细分指数，可考察不同时期细分领域相对贡献，也即政策不确定性的来源构成；

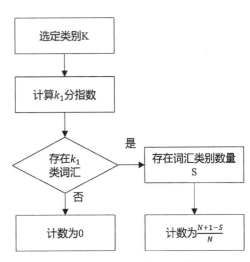

图2 新闻判断计数权重设计流程

在细分领域选择上，根据样本期间内重要经济事件分为8个类别，覆盖税收、外汇、股市、高端制造业等，对整体政策不确定性来源进行综合说明。表1给出了相应的词汇设置：

表1 不同细分类别词汇设置

类 别	词 汇 设 置
贸易	进口；出口；进出口；关税；关税；外贸；进口壁垒；政府补贴；政府补贴；世贸组织；世界贸易组织；贸易条约；贸易协定；贸易政策；贸易法；多哈回合；乌拉圭回合；关贸总协定；倾销；不公平竞争；不公平补贴；贸易战；贸易摩擦
税制改革	减税；降税；税改；增值税；个人所得税；企业所得税；税率；税档；起征点；税务
股票市场	科创板；过审；注册制；审核制；券商；基金；创业板；新三板；上证；深证；沪指；深指；A股；股市；证券市场；IPO；首次公开发行；定增；交易所；股票；上市公司；港股；H股；美股；绩优股；蓝筹股；分红；股利；股价；熔断；开盘；开市；收盘；闭市
债务杠杆	去杠杆；稳杠杆；加杠杆；杠杆；缩表；资金链；债务违约；债务；质押；缩表；债务链条；抵押品；借钱；还钱；债权；债权
高端制造业	高端装备；核心科技；核心技术；制造2025；高新技术；科技；高端制造；产业升级；技术创新；技术突破；芯片；航天；航空；高精尖；顶尖制造；研发

---

1 类别选择与分领域词库构建同样遵从专家知识经验，并通过预实验方法进行了检验。

类 别	词 汇 设 置
国有企业	国企；央企；混改；PPP；混合所有制改革；战投；国有；国资；国有投资公司；国资
外汇及汇率	人民币国际化；汇率；汇改；升值；贬值；离岸人民币；离岸美元；外汇；资本外放；资本外逃；资本外流；资本回流
民营企业	民营；国进民退；小微企业；纾困基金；私营；私有；创业

五、实证分析

（一）模型选择与变量说明

目前，国内对GDP的定量预测，一般基于低频数据，如政府统计指标等，并使用计量或统计模型进行。而模型复杂度常与待估参数个数呈正比，小样本情形下可能存在估计问题，[1]因而现有研究仅纳入少数解释变量或简化模型设定基于此，本文从多元线性回归模型出发，不仅通过简化模型形式减少待估参数，同时也提供了加入CEPU指数前后的预测比对基准。

根据上述分析，实证部分在对变量选择和模型设定进行限制的基础上，并分为两个部分，分别对应CEPU指数改善GDP预测的直接（作为解释变量产生影响）和间接作用（影响其他解释变量的解释能力）。

1. 计量模型选择与说明

在第一部分，本文采用多元线性回归形式，[2]使用多阶段回归的思路。由于样本观测数较少，过多变量和过长滞后期会导致模型缺乏稳定性，其预测性质也难以外推；因而需限定纳入最多变量个数和滞后期数，每一阶段保留前阶段最优变量选择，并形成相应比较基准。

首先，使用关于季度GDP序列的自回归模型作为基准，记作模型1，设定形式为：

$$y_t = \alpha_0 + \alpha_1 y_{t-1} + \alpha_2 y_{t-2} + \cdots + \alpha_n y_{t-s} + \varepsilon_t \tag{9}$$

其中，y_t 为季度GDP序列，下同；y_{t-n} 为相应的滞后 n 期信息，ε_t 为白噪声，服从 $N(0,1)$ 分布，并限定仅选择单一滞后项。其次，在模型1基础上，加入政府统计指标并记作模型2，形式如下：

$$y_t = \beta_0 + \alpha y_{t-s} + \beta_1 X_{t-1} + \cdots + \beta_{n-1} X_{t-n} + \varepsilon_t \tag{10}$$

其中，y_{t-s} 为在模型1中的最优滞后项；X_{t-n} 为政府统计指标滞后项，相应 β 为K维行向量，由于大多统计指标公布时间与GDP一致，[3]因此需使用滞后信息，在此限定纳入1个统计指标，最大滞后阶数为4阶，即总解释变量不超过4个；进一步，在前阶段基础上加入CEPU指数信息。模型形式如下，记作模型3：

$$y_t = c_0 + \alpha y_{t-s} + \beta_1 x_{t-1} + \cdots + \beta_4 x_{t-4} + \gamma_0 Z_t + \cdots + \gamma_n Z_{t-n} + \varepsilon_t \tag{11}$$

---

1 新闻样本期为2008年8月至2019年3月，按季度公布的特征，可得长度为45的CEPU指数序列，限制了GDP预测与评估样本的长度，因此模型设定上需进行简化。

2 参见刘涛雄、徐晓飞.互联网搜索行为能帮助我们预测宏观经济吗?.经济研究,2015,12.

3 国家统计局季度经济社会统计指标一般在下一季度第一个月的月中公布。

与模型2对应，x 表示单一政府统计指标，β 表示单一系数；Z 为M维列向量，相应 γ 为M维行向量。限制最多纳入模型的指数个数为2，最大滞后期为3期，[1] 新增变量个数对应模型2，即不超过4个。

第二部分侧重研究CEPU指数对GDP预测的间接作用。从影响机制看，不确定性指数本身不仅反映经济运行的不确定性成分，同时也包含部分关于经济状态的认知，也即，在不同经济政策不确定性下，前述预测模型的参数可能存在变化。为此，本文通过建立如下门槛回归模型，以总体CEPU指数指代整体经济运行的先验状态，考察其是否对前述预测模型产生影响，记作模型4：

$$y_t = \varphi_0 + \varphi_1 S_t \cdot 1\,(CEPU_{total} \leqslant \theta_0) + \varphi_2 S_t \cdot 1\,(CEPU_k > \theta_0) + \varepsilon_t \tag{12}$$

其中，S_t 为在模型3中选择的变量，包括GDP滞后项、政府统计指标及相关CEPU指数，受待估参数个数限制，本文限制门槛数量为1，可选门槛包括模型2中所选变量及总体CEPU指数，[2] 使用总后者意义在于其综合考虑了不同领域的不确定性，反映一般经济运行状态，使得模型具有更强的外推可能。

2. 变量选择与数据来源

由于GDP为季度频率数据，本文根据月度数据的属性，将相应季度的数据进行统计处理，见下表。其中根据实证需要，将2008年3季度至2017年4季度作为训练集，2018年1季度至2018年4季度作为预测集，说明模型的拟合与外推效果。

通过比对加入CEPU指数与否后的模型统计结果，可说明CEPU指数在改善模型解释效果和预测能力上存在一定作用。选取季度宏观经济政府统计指标作为季度GDP序列的解释变量，包括社会消费零售总额、固定资产投资完成额、政府公共财政支出、政府公共财政收入、税收收入、出口金额累计同比增速、进口金额累计同比增速、M0同比增速、M2同比增速、PPI、CPI等14个宏观经济变量作为解释变量，[3] 并使用自然语义处理方法构建基于新闻文本信息的CEPU指数作为非传统解释变量，指征微观个体在既定历史环境下针对各种宏观政策所形成的认知特征，并根据相应类别的词汇属性进一步细分为多分类指数。季度数据描述性统计见表2。

表2　季度宏观经济变量与CEPU指数描述性统计

	观测数	均值	标准差	最小值	最大值
季度GDP	42	11.88	0.32	11.21	12.44
CPI	42	7.21	5.05	−4.53	19.85
PPI	42	2.69	14.48	−21.33	32.16
RPI	42	5.09	5.65	−5.98	19.21

1　这一滞后期的选择与模型2中政府统计指标的最大滞后期数相对应，由于基于新闻文本信息的CEPU指数可进行实时计算，当季度相应指标的计算能够在GDP数据正式公布前进行；选择最多纳入2个指数信息的限制在于，可能存在总体CEPU指数和分领域CEPU指数同时被选中。

2　原则上，总体CEPU指数及其滞后项也可能在模型中被选中，但在模型4中，无论模型2选择结果如何，都应尝试使用总体CEPU指数来作为门槛变量，因为其具备更综合及整体的解释效力。

3　部分宏观统计变量由于统计工作实际存在1月份缺失的问题，已根据前后数值进行平滑补全。

	观测数	均值	标准差	最小值	最大值
PMI	42	51.02	2.14	41.53	55.67
出口金额	42	8.50	0.24	7.81	8.80
进口金额	42	8.32	0.24	7.51	8.65
外商直接投资额	42	5.66	0.17	5.19	5.96
社会消费零售总额	42	10.79	0.49	9.78	11.58
公共财政收入	42	10.31	0.37	9.42	10.89
税收金额	42	10.14	0.36	9.22	10.76
公共财政支出	42	10.41	0.44	9.46	11.01
M0	42	3.17	0.74	0.87	4.39
M2	42	3.87	0.38	3.26	4.74
固定资产投资形成额	42	11.46	0.54	10.07	12.19
总体CEPU指数	42	100.28	20.00	60.99	159.56
贸易领域指数	42	100.11	30.16	49.70	183.32
税收领域指数	42	97.74	43.07	34.40	215.65
股市领域指数	42	100.88	48.79	48.37	235.58
债务领域指数	42	100.54	51.35	33.22	325.15
制造业指数	42	98.43	23.16	61.25	170.41
国有企业指数	42	100.28	27.09	46.25	163.76
外汇市场指数	42	101.10	47.43	34.98	239.34
民营企业指数	42	98.96	31.10	39.06	164.89

（二）模型解释与预测能力比对

1. 基于BIC信息准则的模型选择

从上文模型设定看，用于预测GDP的信息大致可分为3类：① 季度GDP的自身滞后信息；② 传统政府宏观经济统计指标；③ 对GDP增速存在解释和预测能力的CEPU指数；在季度GDP预测中限定滞后期为4期为一般做法，因而在模型1中，给定最大自身滞后期数为4期，从单解释变量的限制看，根据BIC最小的原则，选定其中一项作为模型1的解释变量，并在此基础上对后续的模型2和模型3进行选择；这一滞后阶数不仅确定了后续模型中自身滞后信息变量的输入，同时也限制其他解释变量的最大滞后阶数，这与前述模型的设定相一致。

而在模型2中，由于选择政府统计指标个数为14个，加上最大滞后阶数为4，因此在涵盖所有可能的回归中，应包含$2^{14*4}-1$个回归方程，在未进行变量数量限制或筛选的前提下存在估计难度。本文使用的训练集长度为38，因而降维或变量压缩的方法在此并不适用，单变量限制虽可能减少预测使用的模型可行集，但为模型3中纳入更多的CEPU指数信息提供了变量空间，尽量减少了解释变量共线性的问题,并且提供了更好的比较基础。在对单变量及其滞后项进行选择过程中,仍然按照BIC最小的原则,保留前3个模型,[1]并对模型进行固定,形成模型3选择的基础。

模型3的变量选择与上述方法相似,但区分为单变量和双变量两种情形,这一变量数量的限制同样遵从前面的分析,并且能够在预测效果提升的结论说明上更加清晰。在给定模型1和2的变量选择后,依次纳入CEPU指数及其滞后项信息,并根据BIC最小的原则选择最优模型。

2. 加入CEPU指数与否的预测效果对比

表3给出根据BIC准则选择的模型结果。在仅使用自身滞后信息的模型1中,根据前述单变量限制,选择季度GDP自身滞后四期作为解释变量,并在此基础上进行模型2和模型3的选择。在使用政府统计指标的模型中,选择前3个模型作为后续加入CEPU指数信息模型的比较基准(编号为2.1、2.2和2.3)。从结果看,最优的3个模型中,纳入变量分别为PPI滞后1期与滞后3期、PPI滞后1期与滞后2期以及PPI滞后1期至3期,即BIC准则最小原则下,解释性最好的模型皆选择了PPI这一指标,也说明这一方法存在一定的稳定性。

表3 模型回归结果与比对

编号	变 量 选 择	BIC	训练集MSE	预测集MSE
1	GDP(4)	−139.71	0.000 882	0.000 589
2.1	GDP(4), PPI(1), PPI(3)	−182.12	0.000 214	0.000 115
3.1	GDP(4), PPI1), PPI(3), Trade(2), Taxepu(2)	−190.71	0.000 137	0.000 095
2.2	GDP(4), PPI(1), PPI(2)	−181.82	0.000 216	0.000 083
3.2	GDP(4), PPI(1), PPI(2), Trade(2), Taxepu(2)	−190.58	0.000 137	0.000 073
2.3	GDP(4), PPI(1), PPI(2), PPI(3)	−179.06	0.000 211	0.000 101
3.3	GDP(4), PPI(1), PPI(2), PPI(3), Trade(2), Taxepu(2)	−187.46	0.000 136	0.000 089

在模型2变量选择确定的基础上,通过纳入CEPU指数信息考察其对GDP预测的改善作用。允许纳入CEPU指数信息后,即编号3.1、3.2和3.3的回归结果显示,3个模型都出现了预测效果的提升,分别提升了17.39%、12.04%和11.88%,说明CEPU指数信息的纳入可提升季度GDP预测的结果,同时在这一预测工作中表现较好为贸易与税收领域CEPU指数,且在3个不同的基准模型下都通过BIC准则被选择,也显示这3个领域的经济政策不确定性对于经济的微小变化具备更好的捕捉。

上述结果表明,引入CEPU指数信息对于季度GDP的预测工作可能会存在一定的裨益。但受限于样本观测期数的限制,在对GDP预测建模过程中不可避免地出现了一定的简化,但仍然通过比对基准模型和纳入CEPU信息后的模型之间的预测效果,证明了上述结论。同时,在仅限定最大类别数量的情况下,模型倾向于选择双变量的情形,也说明在实际应用中构建细分领域指数的必要性及应用的方向,即通过刻画细分领域的经济政策不确定性来捕捉经济现实中更为细微的变动,达致对宏观经济变化的了解与洞察。

---

1 仅保留单个模型易受随机性影响,而后续CEPU指数信息的纳入是否改善GDP预测的结论也依赖更广泛的推断。

3. CEPU指数对季度GDP的门槛效应

在前述模型3实证结果中,可发现纳入CEPU指数信息后,模型的预测能力得到提升,而这一提升作用是否会受到相关状态的影响,或某一变量会否形成对参数的门槛影响尚待检验。在不考虑门槛变量的情况下,保留模型3中的选择结果,并且根据其初步选择Trade(2)和Taxepu(2)两个变量作为门槛变量,同时根据模型4的设定,也将总体CEPU指数纳入门槛变量的考虑。使用Boostrap抽样及统计推断方法,通过反复抽样1 000次得到对应的LM统计量和P值,并以此判断初步选择的门槛变量对于模型是否存在门槛效应,检验结果如表4所示。

表4　门槛效应检验结果

编号	解释变量选择	门槛	LM统计量	P值 (Boostrap)
4.1(1)	GDP(4), PPI1), PPI(3), Trade(2), Taxepu(2)	Total CEPU	12.699 6*	0.065 0
4.1(2)	GDP(4), PPI1), PPI(3), Trade(2), Taxepu(2)	Trade(2)	9.919 9	0.373 0
4.1(3)	GDP(4), PPI1), PPI(3), Trade(2), Taxepu(2)	Taxepu(2)	9.438 7	0.457 0
4.2(1)	GDP(4), PPI(1), PPI(2), Trade(2), Taxepu(2)	Total CEPU	12.279 7*	0.087 0
4.2(2)	GDP(4), PPI(1), PPI(2), Trade(2), Taxepu(2)	Trade(2)	6.932 8	0.904 0
4.2(3)	GDP(4), PPI(1), PPI(2), Trade(2), Taxepu(2)	Taxepu(2)	9.848 5	0.350 0
4.3(1)	GDP(4), PPI(1), PPI(2), PPI(3), Trade(2), Taxepu(2)	Total CEPU	12.236 2	0.112 0
4.3(2)	GDP(4), PPI(1), PPI(2), PPI(3), Trade(2), Taxepu(2)	Trade(2)	10.050 6	0.559 0
4.3(3)	GDP(4), PPI(1), PPI(2), PPI(3), Trade(2), Taxepu(2)	Taxepu(2)	11.216 4	0.318 0

由表4可知,仅有模型4.1(1)及4.2(1),对应模型3中的3.1与3.2,在纳入总体CEPU指数(Total CEPU)为门槛变量后,其统计量至少在10%显著性水平下显著,也即P值小于0.1,由此可对门槛模型的构建提供相应的变量选择。与之相对应,门槛估计值取值应使对应LR统计量趋向于0,LR统计量最低的点即为门槛值,由下图可知,这一统计量低于10%显著水平临界值,也即上述门槛真实有效。

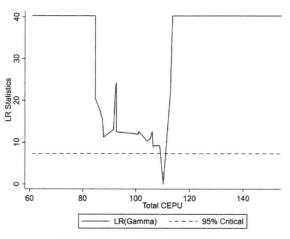

图2　模型4.1(1)门槛估计结果

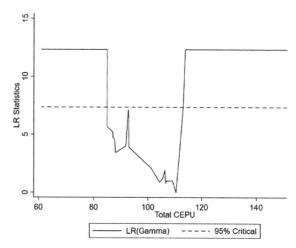

图3　模型4.2(1)门槛估计结果

　　根据上述结果选择相应模型进行估计,[1]并参考Hansen的估计方法。下表为选定模型的回归结果。若以总体CEPU指数指代整体经济政策不确定性,则在这一不确定性较低(即Total CEPU ≤ 110.232 7)时,季度GDP对自身前期信息继承性较强,表现为滞后四期项具备很强的解释性和预测能力;而其他解释变量基本符合预期,PPI一阶滞后项同季度GDP基本呈现正向影响,存在负向影响的三阶滞后项显著性水平也相对较低;而来自贸易领域的不确定性指数呈现正向影响,国内在面临出口侧冲击时,如贸易摩擦等,会相应地采取一定的反制措施,拉升来自进口侧的政策不确定性,来自出口侧的经济政策不确定对于经济产出的负向作用则有所抵消,而这一效应足够大时则会使贸易领域指数对于GDP形成正向作用;税收政策领域政策不确定性对于GDP具有负向影响,税收调整会影响厂商的生产安排和居民的可支配收入与消费计划,因而对于经济具备显著的影响;当不确定性较高(Total CEPU > 110.232 7)时,多数变量系数的方向和显著性并没有出现明显变化,但从绝对值看,皆有不同程度的下降,截距项的系数迅速上升,且更加显著,也说明在经济政策不确定性较高时,对于经济预测存在解释意义的变量解释性都会有所下降,也即,经济变得更加难以预测。

表5　门槛回归结果

4.1(1)			4.2(1)		
变量	回归系数	t值	变量	回归系数	t值
Total CEPU[2]<=110.232 7			Total CEPU<=110.232 7		
GDP(4)	0.974 4***	71.563 4	GDP(4)	0.977 0***	95.359 0
PPI(1)	0.001 4***	4.608 5	PPI(1)	0.001 6***	3.766 1
PPI(3)	−0.000 3	−1.354 7	PPI(2)	−0.000 5*	−1.714 0
Trade(2)	0.000 63***	7.399 2	Trade(2)	0.000 62***	7.265 2
Taxepu(2)	−0.000 24***	−5.185 8	Taxepu(2)	−0.000 23***	−4.616 1
截距	0.361 0**	2.167 9	截距	0.329 6**	2.599 8
Total CEPU >110.232 7			Total CEPU >110.232 7		
GDP(4)	0.939 3***	64.842 3	GDP(4)	0.932 0***	67.052 4
PPI(1)	0.001 0***	5.218 0	PPI(1)	0.001 1**	1.979 6
PPI(3)	0.001 0*	1.752 1	PPI(2)	0.000 3	0.468 4
Trade(2)	0.000 4***	3.113 2	Trade(2)	0.000 3**	2.139 8
Taxepu(2)	−0.001 4**	−2.291 3	Taxepu(2)	−0.000 6	−1.137 8
截距	0.904 1***	6.730 7	截距	0.926 4***	5.336 7
训练集MSE	0.000 083		训练集MSE	0.000 092	
预测集MSE	0.000 260		预测集MSE	0.000 163	

注:*表示10%置信水平显著,**表示5%置信水平显著,***表示1%置信水平显著。

1　See B. E., Hansen, "Inference When a Nuisance Parameter is not Identified under the Null Hypothesis," Econometrica, p. 413–430(1996).
2　在两个模型中,这一门槛值相同,其原因在于样本观测值数量相对较少,门槛变量分位数搜寻规则下可能出现一两个门槛数值一样的情形。

从模型训练集拟合情况看，由于新息的加入（纳入总体CEPU指数作为门槛变量），模型的拟合情况得到改善，但不可避免地面临较之过拟合的权衡问题，在门槛模型下，其预测能力有所下降，因而门槛模型更多侧重于对内涵逻辑的阐释，实际预测能力在样本期扩充后可通过更好地解决过拟合问题的方法来进行改善，这也是本文构建的CEPU系列指数未来工作的重要着力点。上述结论，也说明经济政策不确定性具备直接影响经济运行的能力，同时也能够通过其他经济变量或具体的不确定性因素产生重要作用。

六、结　语

本文在理论与实证两个方面讨论了经济政策不确定性对宏观经济的影响。在理论方面本文讨论了分析经济政策不确定性影响微观决策的分析框架。经济政策不确定性是市场预判未来政府经济决策的困难程度。在宏观层面，总体的经济政策不确定性升高意味着，有更多经济主体的政策预期的主观概率方差增大。在社会存在群体的共识时，不确定性的普遍升高代表主观概率的同趋势调整，引发经济总量的显著变动。中国经济政策目标明确，公众对政府的信任度较高。在这两个前提下，本文猜想经济政策不确定性会对中国经济运行产生宏观层面的影响。

主要结论：使用中文新闻构造的经济政策不确定性指数相较于现有指数，对国内重大事件和重要经济状态的反映情况更好，能够更加灵活、实时地捕捉到相关信息。相比仅使用GDP序列自身滞后信息和传统政府统计指标，纳入中国经济政策不确定性指数后，模型的预测能力得到一定提升，且细分指数相比总体指数的模型改善能力要较强，也说明了在GD预测实践中结合经济政策不确定性因素的重要性和可行性；同时门槛回归模型结果表明，在低经济政策不确定性时期，各经济解释变量对于季度GDP的解释能力较强，而在高不确定性时期，这一解释效果下降，即存在明显的门槛效应，经济在不同不确定性水平下的可预测程度出现了差异。本文尝试沟通了两类文献：异质性信念理论，以及大数据宏观经济预测。本文讨论也指明了未来的研究方向，即构建基于政策异质性信念的一般均衡模型，并设计实证方案进行检验。

面向多要素数据综合分析的司法委托机构信誉动态评价及推荐技术研究[*]

赵　帅　沈臻懿[**]

摘要： 面向多要素数据综合分析的司法委托机构信誉动态评价及推荐技术，以建构科学完善的诉讼服务对外委托工作系统为目标。通过结合全国法院的内外部数据，利用自然语言理解技术和非结构化数据处理技术，建立多维度、层级化、条理化的评估指标和分析模型，体现评估指标的合理性和分析模型的精准性。研究结合机器学习、深度学习、概率图模型，精准动态地分析委托机构信誉，基于司法需求和委托机构特征合理匹配推荐最佳机构。结合专家知识和人在回路系统，对评估模型实时监控、动态干预、及时预警，提升系统的稳定性。在此基础上，以"司鉴通"构建基于资质信誉、经营业绩、委托反馈等要素的机构动态评价模型，支持智能推荐诉讼委托司法鉴定机构；以"法拍易"获取司法拍卖数据、第三方评估和拍卖机构数据、历史评估和拍卖鉴定数据，构建委托拍卖机构的信誉推荐模型，实现拍卖价格偏离预警和拍卖机构流程管控两大功能；以"房评通"构建按领域划分的诉讼委托评估机构资质特征库，从技术力量、人员配备水平、设备设施配置等精细化角度，制定完善的机构信誉特征元数据标准，结合人−机协同增强的机器学习和深度学习方法，通过持续采集和更新特征库数据，实现诉讼委托评估模型的在线更新和版本迭代，辅助法院建立委托任务的实时资源调度和分配机制。

关键词： 大数据；诉讼委托；司法鉴定；司法拍卖；司法评估

　　最高人民法院建设的诉讼服务指导大数据平台，旨在指导和推动各级法院建立集约高效、多元纠纷、便民利民、智慧精准、交融共享的现代化诉讼服务体系，实际上已成为"综配司改"的重要一环。它主要围绕多元化解、立案服务、分调裁审、司法服务、涉诉信访等五大服务功能，依托已有的诉讼服务大厅、诉讼服务网、移动终端、12368诉讼服务热线等多元线上线下载体，以信息化为支持，科学统

* 本研究受到国家重点研究计划"全流程管控的精细化执行技术及装备研究"（项目编号：2018YFC0830400）资助；同时，本研究还受到研究阐释党的十九大精神国家社科基金专项课题"深化司法体制综合配套改革研究"（项目编号：18VSJ078）的支持。衷心感谢郑晓东、丁光华、赵起、杨斌等提供的各种帮助。

** 作者简介：赵帅，上海大数据中心——上海交通大学大数据联合创新实验室；沈臻懿，华东政法大学刑事法学院。

筹全国法院的诉讼服务工作,全面建设和实现现代化诉讼服务体系和综合管理系统。

围绕现代化诉讼服务大格局体系这一突破口,赋能智慧诉讼服务,需要进一步实现司法鉴定、司法拍卖、司法评估等诉讼服务辅助事项的特定化、集约化管理模式。可以说,司法委托是广泛服务于诉讼的专门性活动,直接关涉公正严谨的诉讼服务程序性建设,以及影响司法公信力和法律权威的树立。根据最高法院关于诉讼服务大数据平台的建设需求,需要深化系统集成和功能整合,建设覆盖司法辅助全业务全流程、贯通各类信息应用系统,融合大数据分析功能,构建科学完善的诉讼委托业务和机构的全流程管理系统。通过多元内外部数据,利用自然语言理解技术和非结构化数据处理技术,建立多维度、层次化条理化的评估指标和分析模型。

一、司鉴通:负面数据评价机制

诉讼委托鉴定,长期以来存在寻找机构难、评价机构难、管理机构难的问题。为了解决这一难题,需通过进一步结合司法机关的内外部数据,结合机器学习、深度学习、概率图模型,运用自然语言理解技术和非结构化数据处理技术,建立多维度、层级化、条理化的评价指标和分析模型,精准、动态地分析委托机构的信誉和质效。同时,结合专家知识,对评价模型实时监控,动态干预,及时预警,提升系统的稳定性,最终构建基于动态与静态数据结合的司法鉴定诉讼服务机构的动态评价系统(以下简称"司鉴通"),目标是实现智能推荐司法委托鉴定机构的功能。

(一)整体框架

科学、可靠的司法鉴定意见是审查、判断其证据材料、认定案件事实的重要依据,是保障当事人合法权益、实现公正司法的重要前提。目前,法院对外委托鉴定备选机构名录中入册的机构没有等级划分,鉴定机构在软硬件上存在较大差别,只是一味在选择鉴定机构过程中强调平等对待,不能体现择优和竞争原则。因此,需要将机构差异体现在司法对外委托鉴定机构的选择之中,对于那些能提供优质服务、效率高的机构应大胆地增加委托,反之应减少委托,营造良性竞争氛围。同时,随着社会经济的迅速发展,鉴定要求非常规、不常见类型的案件越来越多,比如,身体猛烈碰撞造成多颗牙齿折断的更换假牙费用,以及一生更换次数之类的鉴定问题,寻找和推荐可鉴定机构实际上极为困难。此外,鉴定机构和鉴定人名册管理欠制度化、规范化,延期鉴定现象屡见不鲜,鉴定人徇私舞弊问题也不断出现,亟待对之加以有效监管。简言之,司法对外委托中鉴定业务多样繁杂,存在技术壁垒,司法机关面临选鉴定类型难、找择机构难,监督评价难等业务痛点,并且在现行法律制度下鉴定机构管理又存在较多空白与争议。因此,需要设计一套司法鉴定机构负面信息动态提醒和特殊鉴定业务的机构推荐名册系统。

那么,到底如何建立这一系统模型?传统人工智能算法大多依赖完整准确的标准数据,并假设数据的分布和特征维持不变,但是,这一"窄巷思维"经常导致理论模型难以实用。以诉讼服务中的委托鉴定环节为例。由于诉讼服务中可能发生的委托鉴定服务机构数量众多、细分领域繁杂、服务质量差异化等问题,导致在鉴定机构评估过程中,以往机构及相应服务的数据特征实际上会随着其所属领域不同而产生很大变化。因此,需要面向委托鉴定机构信誉动态量化评估,建立起新型自适应的学习模型和鲁棒算法。

在整体框架上,司法鉴定根据类别不同,可以分为"四大类"(法医、物证、声像、环境)鉴定、"四大类外"两大类别。除了资质信誉、经营业绩等基本信息,获取和建立负面评价模型更加符合司法鉴定的业务特征,其核心乃是制订鉴定机构负面指标体系(委托反馈、刑事处罚、行政处罚等)。四大类鉴定的管理权限在司法行政部门,需要在尊重司法行政部门的相关名册基础上,充分结合内外部数据,全面获取四大类鉴定机构的负面数据,构建起四大类鉴定机构负面清单模型;四大类外鉴定由于类别较为分散,可以先把相关鉴定机构精细划分为不同类别,将类别划分后的机构进行负面数据的获取,构建四大类外鉴定机构评价模型。最终将两者结合形成司法委托鉴定机构动态信誉评价和推荐的"司鉴通"系统。

借助于"司鉴通"这一诉讼对外委托鉴定辅助管理系统,以在线化工作方式,可以极大地降低法院司法鉴定辅助工作的线下综合成本,提高法院评估执行和诉讼服务的工作效率。这一方案是基于对多源异构司法大数据快速采集和处理,通过自然语言处理的司法文本特征提取和分析,构建自学习的司法本体化知识图谱,实现了关键科学技术的突破。同时,还可以配套制定全流程管控的司法委托辅助机构数据处理性能测评认证指标体系和技术标准,会大幅提升中国在法律人工智能领域研究的起点和竞争力。

(二)构建思路

由于司法委托鉴定机构涉及不同领域和类型,需要基于内部数据、外部数据和反馈数据等多种数据源,通过大规模分布式数据获取、人工制定规则、机器自动标注等,逐步构建和完善司法委托鉴定机构资质特征库。在此基础上,对特征库进行特征转换和归一化、数据质量治理、特征选择等进行处理,获取和司法委托鉴定机构资质信誉、经营业绩、委托反馈等关键属性相关的特征展示。基于半监督学习、结合机器学习XGboost、LightGBM和深度神经网络等模型,构建司法委托鉴定机构信誉的动态量化和评估模型和算法,对司法委托机构信誉进行精准量化、评估、预测和排序。同时,将以上数据获取、特征学习、模型训练等模块部署至线上云平台,并集成为自动化处理系统,通过持续更新数据实现模型的在线更新和优化迭代,完成司法委托鉴定机构信誉资质的实时监控、分析和可视化等任务,为司法机关实现规范委托鉴定业务,完善司法鉴定机构名册、严格委托收费标准和质证机制等实体性事项提供有效决策支持(见图1)。

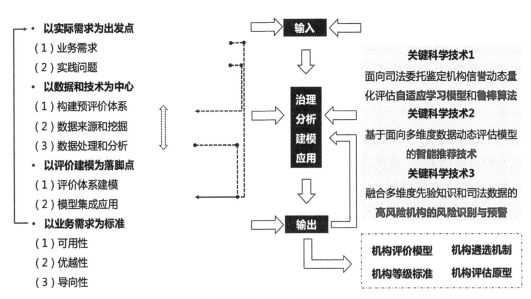

图1 诉讼委托鉴定机构动态评价与推荐的整体架构

（三）指标体系

基于以上指标体系通过专家论证，确立司法评估机构静态数据4项指标：机构资信、经营业绩、人员资质及委托反馈。通过行业协会收集司法委托鉴定机构至少5年以上的数据，后期以动态业务数据的随时补入为主。

这几类数据的获取方式，主要包括：① 面向高级法院、中级法院、基层法院，可以公开获取对外委托专业机构名单（名册）。当然，目前的人民法院诉讼资产网的数据比较简略，名单（名册）中基本仅列出机构名称，但可以作为详细信息采集的线索、索引方向。② 人民法院诉讼资产网中专业机构和专家库。专业机构的信息包含了营业证照、统一社会信用代码、资质等级、资质证号、专业人员及专业技术职称等信息。③ 互联网公开获取。比如，关于《国家司法鉴定人和司法鉴定机构名册》等。

在此基础上，根据司法委托鉴定的特征，除了基本信息，关键是建立负面清单模型。为了实现这一目标，需要以抓取动态可持续的外部大数据为主，构建司法鉴定机构负面指标以及清单数据。负面指标包括：行政处罚、CNAS能力验证（不通过）、诉讼纠纷（刑事、民事、行政）、违规操作（公告）、严重违法失信、鉴定结构不被采纳等。另外，针对特殊机构推荐名册，基于裁判文书的大数据分析和自然语义处理，获取现有的机构名册中没有且在实际操作中难以获取的特殊鉴定机构（见图2）。

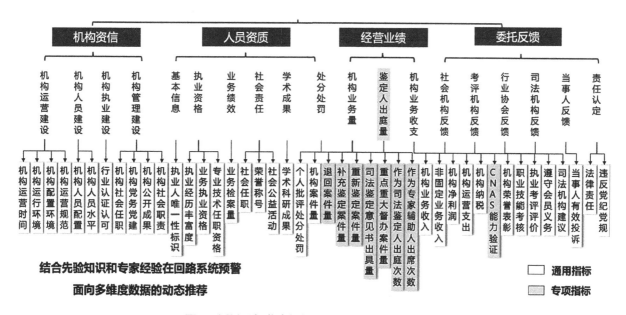

图2 诉讼委托鉴定机构动态评价与推荐指标体系

其实，建设法院委托鉴定的辅助管理系统，主要是实现对全市各级法院鉴定机构实行负面清单提醒，实现数据共享，提高工作效率。实现特殊鉴定机构/专家管理（包括鉴定机构/专家、评估机构/专家），审判案件对接、执行案件对接、裁判文书管理、电子卷宗管理、鉴定评估相关信息查询、鉴定评估报表统计、法院组织机构用户管理、权限管理、操作日志管理、数据字典管理及系统配置管理等。

（四）系统建设

当前，相关应用系统有"人民法院诉讼资产网"。该平台是由最高法院研发，主要功能是面向全国各级法院、社会辅助机构的综合信息发布。应用范围包括司法鉴定专业机构信息归集、司法鉴定案件公示信息、司法鉴定机构信息归集、司法鉴定案件公示信息以及专家库建设,实施司法鉴定机构信息、司法鉴定机构信息、司法拍卖机构信息的数据库归集。"司法鉴定辅助管理系统"作为诉讼服务系统中审判辅助服务的核心内容,是作为诉讼服务指导中心信息平台的重要组成部分。

"司鉴通"系统的设计实现基于法院专网集中式数据处理系统,采用B/S架构和集中存储方式,实现统一数据采集、统一移送流程、统一数据格式、统一文书模板、统一统计标准;系统将连接高级法院、中级法院、基层法院等各单位,对各级法院的数据即可集中管理和查询统计,又实现各级法院对自己的数据分别管理和查询统计;系统将实现与高院现有的审判管理系统、诉讼服务管理系统的信息交换和共享,同时系统设计具有前瞻性,为日后的业务扩展留下余地。

系统功能上要求结合司鉴通的精准需求,分析系统需要具备的功能和性能,列举具体的性能指标,实现对用户信息、业务数据、日志数据的数据存储;对不同类型、不同等级用户配置不同的用户权限;根据司法鉴定辅助工作流程评价标准,对机构业务进行鉴定和数据分析;不同等级法院需要异步开发与对接;数据汇总在最高法院或省法院。此外,为了防止该系统归集和结构化的数据与其他重要业务数据的混杂和污染,需要建立网络安全、数据安全机制和软硬件配套措施。

当然,需要进一步明确的是,该系统模型的构建目标,是建立司法鉴定辅助机构信誉动态评价模型、司法鉴定辅助机构负面清单体系、特殊司法鉴定辅助机构名册系统(见图3)。这将为全国法院诉讼服务信息平台的完善提供重要补充。

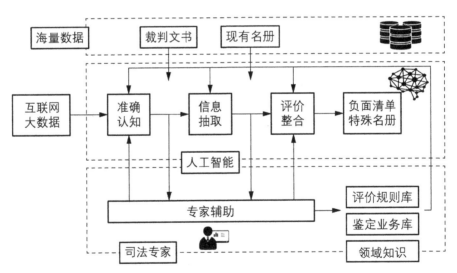

图3 诉讼委托鉴定机构动态评价与推荐系统实现的技术路线

二、法拍易:价格偏离与流程管控

财产处置难,长期以来是人民法院执行难的重要组成,司法拍卖则是财产处置中的重要环节,备受社会关注。现有的司法拍卖存在价值评估和确定拍卖保留价的不规范性,以及拍卖机构违规、竞买人恶意竞标等问题,需要面向拍卖数据综合分析的拍卖差异合理性预警和拍卖违规预警;同时,基于司法拍卖数据、第三方评估机构等基础数据、历史评估和拍卖鉴定数据等,构建司法委托拍卖机构的全流程、即时性的监控模型。目标是实现拍卖价格偏离预警和拍卖机构流程管控两大功能(以下简称"法拍易")。

（一）拍卖价格偏离预警

该模型需要针对不同类型的拍卖物,利用物品的性质、属性等特征,自动评估当前拍卖物的价值水平,辅助法官对拍卖物价值形成客观判断,以及实现对司法拍卖过程的全面数据分析和监控。主要解决拍卖价格与拍卖物品实际价值超出合理区间、拍卖环节违规等问题,最终实现支持对房产、车辆、有价证券、器械类、家具类等多种涉案财物的影响特征体系,建立成交价与保留价的差异量化,支持价格预警和拍卖违规的自动识别。模型的体系架构上涉及四个关键方面（见图4）。

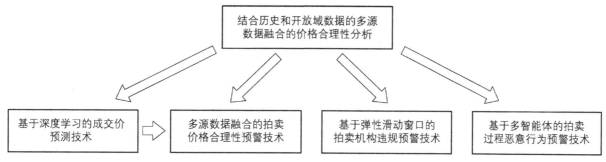

图4　司法拍卖价格偏离预警系统架构

1. 结合历史和开放域数据的多源数据融合的价格合理性分析

针对司法拍卖多源数据融合的需要,应用大数据获取、存储、清洗和分析等技术,解决多源数据之间实体对齐和实体融合,实现数据集中统一和交叉分析,借助于数据获取和多源数据的融合技术,有机结合司法拍卖历史数据和开放域数据,建立司法拍卖大数据库,建立司法大数据实时扩展、互联互通、同步计算的数据平台,辅助司法拍卖数据分析。同时,价格的合理性分析需要融合专家知识建立置信度区间,动态设置合理阈值等一系列关键参数。在此基础上,基于深度学习建立拍卖标的的价值评估模型,实现符合市场动态和标的特征的精准评估模型,分析创建标的价值的合理概率区间,最终实现价格的合理性分析。

2. 基于深度学习的成交价预测

根据拍卖物品的多元异构数据,借助深度神经网络实现对拍卖物品的成交价格预测。要点在于,基于大数据技术对于海量拍卖物品的多种数据进行整合。比如,拍卖物品的各种人为设置的属性、原始图片、文字描述等,结合物品的实际拍卖价格,并参考同类物品的市场价格,运用深度学习技术分析拍卖物品的实际价值,对拍卖物品的成交价进行合理预测,为法院执行物品拍卖价格,以及识别拍卖违规行为提供价格参考。通过这种基于深度学习的成交价预测算法,可以充分利用现有的大数据技术和数据资源,提供更为准确的拍卖成交价预测。

3. 基于弹性滑动窗口的拍卖机构违规预警

根据拍卖成交历史数据,对不同类别的拍卖物品建立拍卖价格数据库。主要是基于海量原始数据,利用大数据技术对历史拍卖成交价格进行汇聚,提取出各类拍卖物品的成交价格分布,通过统计学习结合专家经验,把违规的历史拍卖数据剔除,对各类拍卖物品进行合理估值。通过实时监控机构给出的拍卖价格,并与同类拍卖物品的历史估值进行比较,使用弹性窗口对价差进行异常检测,对拍卖机构违规加以预警。

4. 基于多智能体模型的拍卖过程恶意行为预警

定义竞拍过程中的行为框架,并据此界定恶意行为。根据竞拍者的个人信息、行为信息和历史竞拍数据进行行为特征分析,筛选与竞拍行为相关的特征,并在此基础上提出恶意竞拍行为的预警体系。这一体系包括两个部分:先是通过智能体模型对于竞拍者行为进行学习,预测在竞拍过程中最可能出现的行为模式;然后,借助于分类器对于模式进行分类,并与定义的恶意行为进行模式匹配,提前预测出哪类竞拍者更可能发生何种恶意竞拍行为。

(二)拍卖机构流程管控

拍卖机构的流程管控,以司法拍卖辅助工作标准化流程为基础,目的是确保司法拍卖程序公开和高效运行。其中,已被研发成功并被多地实际应用的移动智能"拍辅通",具有典范和样板意义。

拍辅通,作为"法拍易"的两大功能之一,乃是在司法拍卖多年精细化管理经验基础上,基于微信平台,以及结合移动互联网和大数据,为司法拍卖辅助工作提供的一站式智能解决方案。该系统集成了工作标准、一站监管、信息互通、精细管理和统计分析等应用特点,实现了司法拍卖辅助工作20个主要环节200余项工作细节的全流程覆盖,辅助机构工作实时更新,步步留痕,全程存档,法院对拍卖标的全程可查可控,纠偏溯源。系统根据15种标的状态、10个重要节点,向法官和当事人自动推送进程和状态。系统还结合大数据和智能算法,融入标的推荐、看样预约、在线咨询、税费预估及金融贷款等服务,助力司法拍卖高效运行。

拍辅通融入了司法拍卖辅助工作量化考核标准。通过系统将所有拍卖标的辅助工作各个环节的工作效率、质量、规范化进行量化评分,结案后系统自动生成个案得分,单个辅助机构多个拍卖标的生成机构得分,多家拍卖辅助机构工作质效排名直接生成,力促辅助机构取长补短(见图5)。

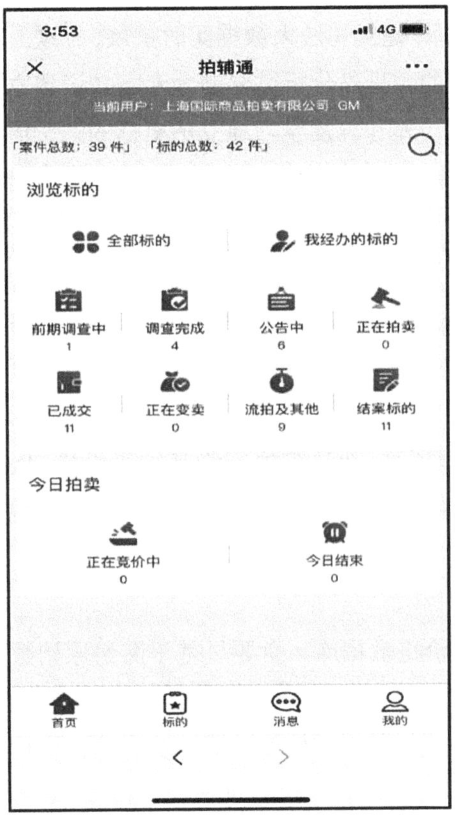

从法院端来看,法院主要担任监督与管理角色。法官可以实时掌握拍卖标的执行进展,全程监督辅助机构工作进程,对机构工作完成情况进行评价。在整个执行过程中,法官可在线向辅助机构进行系统内部的消息提醒与建议,也可以通过系统内的通讯录进行直接的电话沟通。其功能特点包括:① 白名单制。法官登录拍辅通采用白名单制,需将法官姓名及手机号码提前录入系统。录入以后,法官只需关注拍辅通微信公众号,验证手机号码即可安全登录。系统对法官的手机号码保密,确保信息安全。② 分级授权。法院用户分为三个权限(高院主管、各法院主管、承办人)。每个权限所能查看的案件范围不同。无论是高院权限的用户还是基层法院的用户,都可以对权限内的所有标的进行全局浏览。③ 案件标的总览。拍辅通标的涵盖所有司法拍卖平台,可通过多种条件进行筛选。同时,也可以通过案件执行号或标的名称进行快速精确定位(见图6)。④ 关键节点推送。拍辅通中设置10项工作关键执行节点,工作进程到达某一节点,拍辅通会通过微信公众号向相关承办法官发送通知。法官只需点击推文中

图5　拍辅通应用界面

的详情,即可查看完整信息。⑤ 实时沟通。法官可浏览标的拍卖前、中、后三大阶段所有流程项,在标的任意阶段与辅助机构进行系统内的信息交互,实时沟通。存在疑问的流程内容提出提醒或异议,异议内容将会直达辅助机构。

从辅助机构端来看,辅助机构是拍辅通内标的信息内容的记录者,在拍卖执行过程中,所有辅助机构都遵循标准化流程,其在拍辅通内的操作都将被记录在案。辅助机构在工作的同时,也可通过拍辅通系统与法官实时沟通,接受竞买人咨询与看样,并在重要环节获得信息推送。其功能特点包括:① 步步留痕。辅助机构的每一次操作,拍辅通都会对其操作的内容进行记录,便于辅助机构用户追溯可能发生问题的节点,同时也向法院展示了该辅助机构整个工作的服务轨迹(见图7)。② 移动办公。拍辅通是基于微信公众号的移动应用,所有用户可通过手机登录使用拍辅通系统,做到高效便捷。③ 流程标准。拍辅通把辅助工作全程梳理为标准化流程模块,分为三大阶段,20个主要环节,200余项内容。辅助机构按此标准操作,以确保规范和效率。系统中各环节还融入了量化评分体系,促进辅助机构自查自比、提质增效,也便于法院精细化评估。

图6 拍卖信息筛选

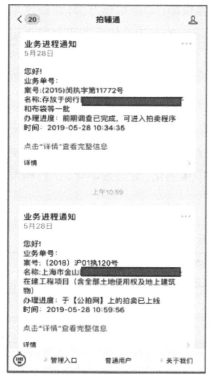

图7 轨迹全程留痕

97

拍辅通提供公众用户端,为潜在竞买人提供拍前数据。通过该入口,潜在竞买人可以自定义感兴趣的拍品类型,以及实现在线咨询、预约看样、一键转发和分享拍卖标的。其功能特点包括:① 在线咨询。潜在竞买人可对感兴趣的标的进行在线咨询,及时了解拍卖物状况及瑕疵,辅助机构工作人员将提供专业的在线咨询服务。② 在线预约看样。潜在竞买人能够在拍辅通中得到来自各网拍平台的标的信息,对感兴趣的标的物可一键进行预约看样。辅助机构获得预约信息之后,即会及时联系提供线下陪同看样服务。③ 实用工具。拍辅通系统结合大数据和智能算法,为潜在竞买人提供标的推荐、税费预估和金融贷款等跟进。

同时,系统专门设计了当事人用户端。当事人是指执行案件的申请执行人与被执行人,通过关注拍辅通,该类用户可以获得拍卖执行节点信息的推送,帮助案件当事人第一时间了解拍卖进展、拍卖结果和案款支付等重要信息。

另外,这一系统还以对辅助机构进行全面评价。为了适应法院精细化管理的要求,对辅助机构的工作作出评价,拍辅通与法院司法拍卖辅助工作量化考核标准整合起来,从辅助工作中的规范、效率、质量三方面(覆盖了3个阶段、20个环节、200多项内容)进行自动化考核,依托拍辅通所形成的大数据,逐一进行个案客观评分,规范辅助工作流程,提高执行效率。单个辅助机构多个拍卖标的生成机构得分,多家拍卖辅助机构工作质效排名直接生成,倒逼辅助机构的质效提高。

三、房评通:静态数据与动态数据

司法委托评估涉及种类较多,本次研究以房地产评估作为业务类别对象,采取静态数据填报与动态数据实时获取的方式,建立智能司法机构动态信誉评估模型。静态数据方面,根据司法评估业务特点建立机构资信、人员资质、经营业绩及委托反馈等评估初步模型,线下收集100家上海司法评估机构指标数据,通过指标赋值、模型训练建司法评估机构年度静态数据模型;动态数据方面,对接房地产评估辅助管理系统的数据(以下简称"房评通"),将评估机构所承担的司法评估业务实时数据进行整合和机器学习,形成司法评估机构动态数据模型。在此基础上,将静态模型与动态模型分别赋不同权重值,构建司法评估机构的动态信誉评价模型系统。

(一)指标体系

房地产司法评估辅助管理系统集成了工作标准、一站监管、信息互通、精细管理及统计分析的应用特点,实现司法评估辅助10个主要环节100余项细节的全流程覆盖,辅助机构工作实时更新、全程存档,法院对评估标的全程可查可控,实现房地产司法评估辅助事项集约化、管理效率化、执行精准化、全面留痕化和评价数据化(见表1、表2)。

表1 司法委托房地产评估机构状况的基本参考指标-数据获取

序号	机构数据(一级)	二级	三级	动态频率(L1,L2,L3,L4)	是否必填(Y/N)	来源属性
1	机构名称			L3	Y	外主内辅
2		产权形式:租用/自有		L3	Y	外主内辅
3	机构办公住所地	办公面积		L3	Y	外主内辅
4		仓储面积		L3	Y	外主内辅

序号	机构数据（一级）	二级	三级	动态频率(L1, L2,L3,L4)	是否必填（Y/N）	来源属性
5	机构注册地			L4	Y	外主内辅
6	注册资金			L3	Y	外主内辅
7	法定代表人			L3	Y	外主内辅
8	机构负责人			L4	Y	外主内辅
9	工商注册机关			L4	Y	外主内辅
10	注册日期			L4	Y	外主内辅
11	登记管理机关			L4	Y	外主内辅
12	许可证号	资质证		L4	Y	外主内辅
13		许可证			Y	外主内辅
14	社会信用代码			L4	Y	外主内辅
15	经营范围			L3	Y	外主内辅
16	机构简介	成立时间		L2	Y	外主内辅
17		办公地址			Y	外主内辅
18		服务内容			Y	外主内辅
19		人员配备			Y	外主内辅
20		管理制度			Y	外主内辅
21		设备仪器			Y	外主内辅
22	资质等级	首次登记时间		L2	Y	外主内辅
23		资质证书/名册			Y	外主内辅
24		资质证书编号			Y	外主内辅
25		资质审批(备案)单位			Y	外主内辅
26	机构荣誉	国家级荣誉称号或表彰		L1	Y	内主外辅
27		省(市)级荣誉称号或表彰			Y	内主外辅
28		区县级-行业协会荣誉称号或表彰			Y	内主外辅
29		市民级			Y	内主外辅
30	机构惩罚	刑事处罚		L1	Y	内主外辅
31		行政处罚			Y	内主外辅
32		行业(协会)处分			Y	内主外辅
33	专业领域社会职务*			L2	Y	内主外辅
34	参与公益活动、法律援助	慈善拍卖		L1	Y	内主外辅
35		慈善捐赠			Y	内主外辅
36		法律援助活动			Y	内主外辅
37	能力验证情况	近三年各业务类型通过情况		L1	Y	内主外辅

序号	机构数据（一级）	二级	三级	动态频率（L1，L2，L3，L4）	是否必填（Y/N）	来源属性
38	执业人员	总员工数		L2	Y	内主外辅
39		专门执业人员数量	司法鉴定人		Y	内主外辅
40			拍卖师		Y	内主外辅
41			资产评估师		Y	内主外辅
42			房地产估价师		Y	内主外辅
43		专业返聘人员数量			Y	内主外辅
44		其他行政/辅助人员数量	聘用证明		Y	内主外辅
45		专家库建设（根据业务类型）		L2	Y	内主外辅
46	机构业绩（经营/运行成果表征数据）	业务类型	法医类	L3	Y	外主内辅
47			物证类		Y	外主内辅
48			声像资料类（含计算机与电子数据）		Y	外主内辅
49			房产拍卖类		Y	外主内辅
50			资产拍卖类		Y	外主内辅
51			房产评估类		Y	外主内辅
52			资产评估类		Y	外主内辅
53		年业务成交量/年受案量	按业务类型		Y	内主外辅
54		年业务成交额			Y	内主外辅
55		年平均佣金收入			Y	内主外辅
56		年评估利润			Y	内主外辅
57		信用证明	工商信用		Y	内主外辅
58			纳税信用		Y	内主外辅
59			银行信用		Y	内主外辅
60		年纳税额	具备工作流程与业务规则		Y	内主外辅
61	执业规范	制度建设	具备业务资料的归档管理	L2	Y	内主外辅
62		档案管理	具备员工劳动管理基本制度		Y	内主外辅
63		人事管理			Y	内主外辅
64	行业自律	遵守协会章程		L2	Y	内主外辅
65		按时交纳会费			Y	内主外辅
66		积极参加协会会议、培训、活动			Y	内主外辅
67		参加协会专业工作部活动			Y	内主外辅
68		加入行业自律公约			Y	内主外辅

序号	机构数据（一级）	二级	三级	动态频率(L1, L2,L3,L4)	是否必填（Y/N）	来源属性
69	建设成果	对协会工作、行业发展有重大贡献		L2	Y	内主外辅
70		有企业党团组织			Y	内主外辅
71		有企业网站、微博、微信公众号（至少两项）			Y	内主外辅
72	建设成果	有固定的刊物	核心期刊	L2	Y	内主外辅
73			一般期刊		Y	内主外辅
74			内部期刊		Y	内主外辅
75		有企业信息管理系统			Y	内主外辅
76		在行业刊物、出版物发表过文章			Y	内主外辅
77		有注册商标、技术成果			Y	内主外辅
78		科研项目			Y	内主外辅
79		科研成果			Y	内主外辅
80	实验室资质	实验室级别		L3	N	内主外辅
81	仪器设备配置	仪器类别		L2	N	内主外辅
82		仪器名称			N	内主外辅
83		仪器价格			N	内主外辅
84		仪器数量			N	内主外辅

表2　司法委托房地产评估机构人员状况的基本参考指标-数据获取

序号	人员数据（一级）	二级	三级	动态频率（L1,L2,L3,L4）	是否必填（Y/N）
1	人员姓名			L4	Y
2	出生日期			L4	Y
3	人员职务			L4	Y
4	政治面貌			L3	Y
5	人员学历	高中及以下		L3	Y
6		大专			Y
7		本科			Y
8		硕士			Y
9		博士			Y
10		博士后			Y
11	执业类型			L3	Y
12	入职日期			L4	Y

序号	人员数据（一级）	二级	三级	动态频率（L1,L2,L3,L4）	是否必填（Y/N）
13	在岗性质	专职		L3	Y
14		返聘			Y
15		兼职			Y
16	专业技术资格（列出发证机关、证书编号）	司法鉴定执业资格	法医鉴定类	L3	Y
17			物证鉴定类		Y
18			声像资料类（含计算机与电子数据）		Y
19		检验检测机构资质认定认可内审员			Y
20		拍卖师执业资格			Y
21		拍卖行业从业人员资格证书			Y
22		资产评估师职业资格	企业价值评估		Y
23			金融资产评估		Y
24			房地产评估		Y
25			无形资产评估		Y
26			机器设备评估		Y
27			资源性资产评估		Y
28			税基评估		Y
29		房地产估价师执业资格			Y
30		房地产经纪人执业资格			Y
31		法律职业资格证书			Y
32		注册会计师证书			Y
33	专业职称	正高级		L3	Y
34		副高级			Y
35		中级			Y
36		助理级			Y
37		员级			Y
38	社会职务			L3	Y
39	年业务量	按照业务类型		L1	Y
40	出庭次数			L1	Y
41	所获荣誉			L1	Y
42	处罚信息	刑事处罚		L1	N
43		行政处罚		L1	N
44		行业处分		L1	N

序号	人员数据（一级）	二级	三级	动态频率 （L1,L2,L3,L4）	是否必填 （Y/N）
45	承担项目/课题			L1	Y
46	学习培训			L1	Y

表1、表2的备注：
* 上述表格指标列项根据调研与研究实际情况计划性调整，仅用于数据获取，不代表指标权重或权级划分。
* 除标注动态考核项外（L1,L2,L4），没有标注均为一般静态项（L3）
* 特别说明：静态并非绝对不变，包含变化较少，极少，绝对不变情况，即使命名为绝对静态项。仅为区分不同变化频率（动态频率），并非指向要素影响度。特以以下列举（降序）：
　L1频繁动态项（frequent dynamic item）：定期（如按年度）变化
　L2一般动态项（normal dynamic item）：非定期变化
　L3一般静态项（normal static item）：非定期变化，或符合特定（或法定）条件才会改变
　L4绝对静态项（absolute static item）：极难改变或绝对不变
* 解释：专业领域社会职务：例如，资产评估机构，是否属于评估协会的会长单位，副会长单位，或者机构中的某位专业人员，是否是评估协会中会长、副会长，或者评估专业委员会的主任委员、副主任委员、委员。

根据以上指标体系的数据获取及处理，包括两个重点内容：① 基于面向多维度数据动态评估模型的智能推荐技术。融合针对法院、机构的管理和反馈等多维度数据，构建时间变化的法院-机构二分图模型，引入基于元、基于特征、基于决策的层次化数据融合技术，得到机构信誉评价的准确估计。然后，根据机构信誉评价，构建基于高阶张量分解的动态推荐系统模型，在张量中引入机构信誉、法院偏好随时间变化的特性，实现动态性的推荐。最终构建基于资质信誉、经营业绩、委托反馈等多维度数据的司法评估辅助机构动态评价模型，实现委托评估辅助机构的智能推荐。② 融合多维度先验知识和司法数据的高危机构实时预警技术，把静态特征和动态特征使用多层深度神经网络融合。使用人-机交互的方法进行种子标签标注，同时通过专家标注少量机构的正负样本，并通过标签传播生成更多的标签。之后使用深度学习模型进行有监督学习，对机构的规范性进行评分。基于此得出机构的评分、排名动态序列，通过时间序列模型刻画出机构的评分与排名变化趋势，使用异常检测算法对高危（失范）机构进行预警。

（二）即时性数据获取

以上只是线下静态的数据获取基本信息，但是，涉及房地产评估行业即时性数据获取，直接关系到动态信誉评价系统的实现，这是房评通的最重要功能体现。它既与司鉴通有部分类似性，也根据所在行业特点有极大不同。

根据房地产评估行业特点画出业务流程图（见图8），重点说明对原业务流程的优化情况，以及根据实际情况测算系统运行时将达到的业务量。具体程式包括：首先是创建评估标的，显示评估标的详情。比如，标的目前所处状态，以及所经历的工作天数（此天数以委托日开始计算自然日）参考工作流程，用户对6项流程进行操作完成整个评估（见图9）。该机构的工作人员及法官对该标的进行的所有操作，都会记录在工作日志。接下来是现场勘察。这是资料收集阶段的重要流程工作项，也是进入报告制作状态的必经流程。用户可根据标的物的具体状况增加单张或多张勘

图8　房评通的整体界面

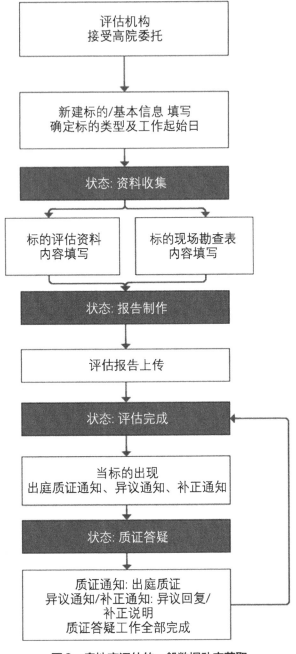

图9　房地产评估的一般数据动态获取

察表。勘察表分三个层级：勘察表-建筑物状况-部位状况。每添加下一个层级都需要保存当前层级，勘察表中不限建筑物数量和部位数量。所有的勘察表都为已完成才可进入报告，完成之后即可提交评估资料。当评估资料进入法院，法院提出质疑及添加通知推送后，标的状态变为质证答疑。此状态不是标的必经的状态。添加质证答疑通知后，在评估文书页面会增加质证答疑工作项目，时限为5日。用户点击确认完成所有质证答疑工作项后，标的状态会回归评估完成。另外，评估费用根据实际情况填写即可，采信评价则由法院进行填写，机构可以查询。以上所有数据都会被房评通记载并供动态信誉评估使用。

（三）更精细化数据获取

除了以上根据指标体系的线下静态数据获取，以及依赖于房评通的数据动态获取，还要进一步根据房地产评估行业的独特性获取更为精细化的数据，有赖于深入房地产评估的全流程业务解析。

诉讼委托房地产评估的全流程包括：摇号和接受委托评估函；中介平台签收案件和下载案件信息表；确定主估价师、经办人与法官取得联系，以及询问案件相关情况；与当事人取得联系；现场勘察（拍照，信息记录，欠费调查，调取产调，拍摄视频，其他相关资料如租赁等）；录入中介平台汇报；拟初稿及与法官沟通；拟定评估费和正式稿；法庭质证（包括：提出异议、异议解释、开通通知书、书面异议答复、资质提供、相关案例等）；遇到特殊情况，会涉及标的物名称变更、增加标的

内容，增加评估内容等；完成办案日志后评估结束；最后是费用结算。

根据这一流程，房评通得以更为精细化数据获取，需要涵盖中介平台评估机构的全部工作流程及功能，为平滑替代中介平台功能做准备；评估现场勘查的移动办公设计，为评估机构人员的现场办案进行功能优化；为所有节点预埋信息记录，为可能的评估量化做准备；可为评估机构进行数据对接，以便评估机构从该系统中导出相关数据为该机构所用；与上述的拍辅通进行数据对接，可对进行强制拍卖阶段的标的进行关联，从已知评估内容中提取案件信息，避免重复工作。

进一步获取的数据项覆盖：案件基本信息（案件信息表，签收动作，确定评估人员）；案件当事人信息（与法官或当事人取得联系后的询问信息）；现场勘察（具体内容由评估公司提供）；评估报告初

稿(含评估费);评估结案(费用结算及评估报告正式稿备案)。同时,前台其他管理中的数据项还有:工作日志(工作汇报,可作为服务轨迹)、信息(与法官在APP内的信息交互)、搜索(案件检索功能)等。此外,数据管理涉及多个主体和多个维度,具体包括:评估机构管理、法院管理、评估机构白名单管理、法院白名单管理;案件管理、参数管理、数据报表、管理员账户管理等。

（四）数据分析和处理

接下来,结合基础数据、一般数据和精细数据,需要继续完成所有的数据分析和数据库设计。前者需要分析数据产生、处理和存储的全过程;后者须有数据内容分析、数据量分析及输入输出分析及数据库选型分析。

1. 经营业绩数据处理

数据清洗对照指标,未填写的指标数据记为0,填写"无"、"–"也记为0;数值带有量词单位的删除量词。当然,还要对数据进行可靠性分析,需要坚持数据符合起码一般规则,最简单的就是:总数≥各分项指标之和,若不满足则任务数据有误。比如,历年司法委托评估总数≥历年各品类社会评估场次数量+历年司法委托评估总场次数量;若满足,则数据可分析系,否则数据有误。具体到数据处理过程上,需要将每家机构的数据按照年份提取,分析每一年的数据。计算每项指标的归一化数据。即$x_i = (x_i - min)/(max - min)$;从归一化数值计算每一项指标的标准差,将此标准差作为该指标的权重$a_i = std = \sqrt{\sum_{i=1}^{N}(x_i - \bar{x})^2 / N}$;然后,将归一化数值乘以权重,即是机构该指标的分值,最后对所有指标的分值求和得到机构的得分$x_i = (x_i - min)/(max - min)$。由此,即可按照机构得分大小对机构进行排名。

2. 委托反馈数据处理

数据清洗中对照填写"无、否"记为0,未填写的同样记为0;"是"、"有"记为1。将企业等级转化为数值:以纳税信用等级可分为A 5、B 4、C 3、D 2、E 1、其他或无均为0;以评估AAA企业:AAA 3、AA 2、A 1、其他或无均为0;其余比如纳税等级、信用等级等,可设定5A 5、4A 4、3A 3、……。依据以上规则处理完毕后,即排名处理如前述的经营业绩数据处理过程。

3. 机构资信数据处理

数据清洗对照填写"无、否"记为0,未填写的同样记为0。运营资质类型可以按照一项3分的原则,即根据机构场所产权性质:完全所有权3,共有2,租赁1;根据评估专业领域任职:每项职位记为1,几个任职职位即几分。

4. 历年期刊、著作、专利、商标成果数量

不细分期刊、著作、专利、商标成功,计算总数。数据清洗完毕之后,数据处理即排名处理参照前述的经营业绩数据处理过程。

5. 机构信息

不再按照年度记分,不考虑成立时间,社会信用代码信息。职工硕士及以上(含硕士)比例、本科及以下(含本科)比例两项指标只考虑一项,其他的数据项数据清洗和处理原则基本类似,不复赘述。最后,需要融合多个数据进行排名,因为数据处理时按照归一处理,因而最后分值具有相当公允度。此外,还可设定不同年份的不同赋权,比如,score=0.3*score_2018+0.3*score_2019+0.4*score_2020等。

公众对优良数据管理方法的认知
——一项基于英国的调查结果

[英]奇·哈特曼 [英]海伦·肯尼迪 等著*

蔡聪裕编译

摘要：目前，公众对数据的安全信任度偏低，要求变革这一现状的呼声越来越高。欧盟《通用数据保护条例》的出台为这种变革提供了法律支撑。数据管理是数据驱动平台的重要组成部分，但"优良"数据管理的构成要件并非一目了然。学术界已普遍关注"优良"数据的问题，但是大众对此的观点却付之阙如。该研究将着眼弥补学术界和大众观点之间的差距，对英国公众关于数据管理方法的看法进行调查。调查发现，受访者不喜欢目前商业组织控制其个人数据的方式，而是倾向受访者"自己可控制数据"的方式、"委托监管机构的监督"的方式或"拥有拒绝数据收集的权利"。而采用数据信托的方式（即提供数据独立管理的结构）成为次优的选择。这些发现构成了受访者眼中的优良数据管理，与政策专家和研究人员确定的优良数据原则有部分一致。该研究细化了对"优良数据"概念的理解，深化了对"优良数据管理"的实践认知，并指出需要进一步研究的空间和政策举措。

关键词：优良数据；公众感知；数据管理；数据信任；个人数据存储；联合实验

一、导 语

近年来，在全球范围内，公众对数据实践的信任程度偏低。据"皇家统计学会"（RSS）2014年的调查显示：公众越来越担心广泛使用数据平台及服务的广泛使用，可能导致"数据信任缺失"的负面影响。数据实践包含组织数据收集、分析和共享以及数据用途，公众对数据实践持"有限信任"态度，很大程度上是由于个人数据隐私得不到很好保护引起的，这导致了人们呼吁变革现状的声音越来越高。《通用数据保护条例》（GDPR）于2018年生效，为通过这项立法的欧盟国家开展改善数据的做法提供了法律动机。根据《通用数据保护条例》，个人有权获得和迁移他们个人的数据。加上数据信任不足造成的担忧，这项新法规促使人们越来越多地尝试使用其他方法来管理个人数据，这些方法包括个人数据存储和数据信托。

---

*［英］奇·哈特曼，英国谢菲尔德大学谢菲尔德方法研究所；［英］海伦·肯尼迪，英国谢菲尔德大学谢菲尔德社会学研究所。

这一背景促使相关政策利益攸关方开始倡导"负责任和合乎道德"的数据开发。在英国,倡导者包括政府中心(如CDEI)、智囊团(如Doteveryone)和独立的研究和倡导组织。学术界的关注焦点转向界定何谓良性、负责任的符合伦理的数据。良好的数据管理方法是良性、负责任的符合伦理的数据的重要组成部分,但还应包含数据存储、数据共享。然而,到目前为止,鲜有成果就"公众对数据管理的态度"开展调查研究。已有研究主要集中于用户对正在开发的特定模型或虚构场景的意见反馈。因此,作者侧重数据管理方法的研究,而不是数据生成、收集、分析和共享等其他数据实践。

本文是一项关于公众对管理个人数据的不同方法的观点调查,以填补上述研究的空缺。此项调查于2019年5月在英国对2 000多名成年人展开。虽然《通用数据保护条例》在生效后被英国法律采纳,但英国退出欧盟给英国未来的数据立法带来了不确定性。因而,基于此背景,对英国公众对优良数据管理看法的研究显得尤为重要。本文基于"优良数据"和替代性数据管理的方法的探讨,首先对研究方法进行描述,对研究发现进行讨论;其次,对"优良数据"进行概念化探讨;最后,探讨研究结果对于将优良数据概念化,以及改善数据管理政策和做法的意义。

二、优良数据和目前数据管理的替代方法
(一)优良数据

对新兴关键数据领域的研究,已令人感觉到数据化带来的种种不安。这些问题包括增加监视、对隐私的威胁、新算法控制以及更多不平等和歧视形式。在此背景下学者们开始考虑何为"优良数据"。戴利(Daly)等人[1](2019)编辑的集刊《优良数据》认为,对于数据实践问题,虽然学者们进行了广泛批评,但他们没有考虑更积极的变革方案。德维特(Devitt)等人(2019)[2]将"优良数据"描述为多方对话的结果,并提出实践中着手实现优良数据的具体步骤。学者们认为询问何为"优良数据"是推进批判性学术研究的一个重要步骤,该批判性学术研究揭示了广泛的"坏"数据实践所带来的危害和不公正。

首先,"优良"数据可能意味着公平、道德或公正。一方面,在数据化的背景下,"优良"的概念已被用于可能被视为非政治化的"数据关系",比如像"数据向善"(Data For Good)和"从善数据"(DataKind)这类的慈善项目。另一方面,它对基于经验的解释是开放的,安德鲁·萨耶(Andrew Sayer,2011)[3]认为这对理解"为什么事情对人们很重要"有重要意义。

其次,"数据"并非线性而是一个系统。戴利(Daly)等人将数据作为整个DIKW理论的重要组成部分,该模型是层次分明的金字塔,其基础是数据(Date),其上层是信息(Information)、知识(Knowledge)、智慧(Wisdom)。在《优良数据》这本书中,数据被认为是一个包括结构、数据管理模型、用途和后果的生态系统。因此,"优良的数据"超越了数据科学家和统计学家可能更常用的术语"高质量证据"的含义。《优良数据》的编辑德维特(Devitt)等人提出了一套优良数据实践的原则,其中一些原则与本文关注公众对数据管理方法的看法有关。一些原则强调了个人控制个人数据的重要

1 Daly A, Devitt S K, et al. Good Data.Amsterdam, the Netherlands: Institute of Network Cultures (2019).
2 Devitt S K, Mann M, et al. The Good Data Project, INC, January. 11, 2019. Available at: www.networkcultures. org/blog/2019/01/11/principles–of–good–data/ (accessed June.5 2020).
3 Sayer A. Why Things Matter to People: Social Science,Values and Ethical Life. Cambridge. UK: Cambridge University Press, 2011.

性。例如,"数据主体必须协调数据使用"和"用户必须能够理解和控制他们的个人数据"。还有一些原则强调集体需求,如"社区数据共享有助于社区参与"、"获取数据促进可持续的社区生活"和"开放数据使公民能够积极行动和赋权"。这些原则构成了在下面讨论的替代数据管理方法的基础。

再次,优良的数据应具备好的政治属性,可以根据它们是否能提高社会福利特别是弱势群体的福利来进行评估(Daly)。因此,优良的数据倡导"通过赋予社区和公民权利来消解现有权力结构的数据方法"。本项研究认同戴利(Daly)等人的论点,即良好的数据应该能提高福祉,尤其是弱势群体的福利。

为了了解数据管理方法是否能增进福祉,作者进一步认为必须考虑到这些方法受人们意见影响。关于优良数据的探讨,在现有研究中公众的看法和数据管理没有成为中心议题。本文研究不同人群对"什么是构成优良数据管理"的看法。

（二）数据管理方法

在有关数据管理的讨论中,许多方法已被提出用于替代当前的管理方式。一种是数据信托,它指的是一种提供独立数据管理权的法律结构,受托人有责任决定共享数据的内容以及与谁共享数据。其争论的焦点在于数据信托的法律地位。在英国,信托是一种特殊的法律结构,这种法律结构在不同管辖区并不相同。但是,奥哈拉(O'Hara)[1]认为,数据信托并不是指法律意义上的信托,而是由法律信托的概念演化而来。因此,作者研究的重点是数据信托的管理方法。数据信任可以采用多种形式,数据管理方法可以将数据信托的功能与其他功能结合在一起。表1将数据信托与其他数据管理方法进行比较。数据管理方法应区分管理数据类型:某些方法更适合于个人数据(例如,个人数据存储),另一些方法更适合于公开数据或公共利益数据(例如数据共享)。不同数据管理方法之间也存在相似之处。信托、联合和其他基于公共资源的方法都是受信方代表个人进行监督、管理数据。从这种意义上,它们都是"信托信任"。因此,本项研究探讨了三种方法:一是数据合作社,负责管理其会员数据的收集和存储,对会员负责,并由一个代表委员会管理由其成员组成;二是集体数据共享,可以在线访问社区数据,这些数据可用于各种目的和所有人的利益;三是数据信托。根据调查时进行的实验对两种类型的信任进行了区分:由独立负责方管理的信托,该信托由代表数据主体作出关于谁访问的决定数据,他们在什么情况下可以做什么;由多个独立负责的组织管理的信托,这些组织针对不同数据用途来管理不同类型的数据。

表1 区分数据管理方法的特征

方 法	不 同 特 征
数据信托	借鉴法律信托,数据信托的受托人将承担责任(有一些责任)以达成一致的目的来管理数据
数据合作社	借鉴"合作社"模式,形成一个由成员所有并由其民主控制的共同组织,成员将对他们的数据的控制权下放给他们
集体数据共享	总结从管理"公用池塘资源"(例如森林和渔业)的理论,并将这些原理应用于数据
个人数据存储	数据存储由单一个体提供,代表大众并在该人指导下,向第三方提供对这些数据的访问

注:原始表格的最后一行"研究合作伙伴关系"已删除,因为它与该研究在此关注重点无关。
资料来源:经ODI许可复制(2019a)。

---

1 O'Hara K. Data trusts: Ethics, architecture and governance for trustworthy data stewardship. White Paper, February.2019.Available at: www.eprints.soton.ac.uk/428276/ (accessed June.5 2020).

在下面的讨论中,作者将这4种模型视为"类似信托"(参见表2),探讨针对数据信任缺失的其他解决方案。一种是个人数据存储(如表1所示)。与目前使用的管理方法相比,个人数据存储被视为一种更可靠的管理个人数据方法,这种方法允许个人控制、访问、处理和转移其个人数据。在英国关于公众对数据实践态度的研究中,本文发现"个人控制数据"受到公众的重视。

表2 受访者的数据管理方法

项 目	描 述
个人数据存储	你有一个安全的地方来收集、存储和管理有关你个人的、其他服务收集而来的数据,这个地方称为个人数据存储(PDS)。你可以自己访问,并决定谁可以访问、如何使用以及在什么情况下使用这些数据。PDS的目的是让你个人控制你的数据,你可以安全地管理这些数据
负责任的独立政党	你有一种方法来提名一个负责的独立政党来监督你的个人数据的收集、存储和访问。他们有法律责任照顾你的数据。根据你的意愿,你来决定"谁可以访问你的数据、何时、何种用途使用你的数据"。你对你的数据有发言权,但你个人不负责管理它
负责的独立组织	负责的独立组织在不同的情境中管理您的数据(例如,用于健康数据和用于财务数据应有所区别)。这些组织决定应该由谁访问你的数据、何时、何种用途使用你的数据。他们承担相应的法律责任
数字服务(现状)	你需要注册一个新的数字服务(例如,在线商店),以收集和使用你的数据。你需要事先同意使用条款和隐私政策。这些条款和政策描述了服务将如何收集、存储和管理有关您的数据。你已获得可以更改的设置,但是你无法更改或协商这些条款或查看数据的使用方式。这种方法使服务可以控制您的数据(现在通常发生这种情况)
数据合作社	你成为数据合作社的成员,该合作社管理其成员数据的收集和存储并对其成员负责。作为代表委员会的成员,你可以决定谁能访问成员的数据,如何使用以及在什么情况下使用该数据。或者你可以投票给其他联合成员来做这些事情。数据合作社的目的是数据由在合作社中的人员共同管理你的数据
公共数据共享	你可以使用开放数据平台在线访问有关你所在地区和社区的数据,根据普通法,所有公民都可以访问该平台。这称为公共数据共享。数据共享收集,存储和管理对可用于各种目的的开放数据的访问。每个人都可以按照下议院的参与规则访问和使用这些数据。公共数据共享的目的是使数据可访问,以便每个人都可以从中受益
监管公共机构	你已经获得了一个新的监管公共机构的详细信息,该机构负责监督组织如何代表英国公民访问和使用数据。该公共机构对组织如何收集,存储和使用个人数据进行监督。它可以使组织对滥用行为负责(例如,违反使用条款的优良组织)。监管机构的目的是确保以合法和公平的方式收集,存储和使用个人数据
数据ID卡(可选择退出)	你可以选择是否退出在线数据收集,存储和使用,这成为管理数据首选项。数据首选项存储在数据ID卡上。你可以使用此卡登录在线站点。该卡会根据你的喜好自动在可能的情况下自动选择退出数据收集,存储和使用。数据ID卡的目的是使人们可以选择不收集其数据

其他更熟悉的数据管理方法。根据现行的"通知和同意"方法(又称为"数字服务方法"或"现状"),服务提供商负责在用户同意的情况下管理个人数据。根据《通用数据保护条例》,数据控制者需要通知用户有关其个人信息和相关数据实践的收集事宜,并事先获得协议。这种隐私声明的形式,只有在用户同意的情况下,数据控制者才能使用某项服务。某些情况下,在软件控制的隐私声明中,软件是允许用户选择或拒绝某些数据收集,但是用户通常难于改变使用条款,不能对使

用条款进行"讨价还价"。很少有人会完整阅读通知,即便他们真去阅读,也会发现内容难以理解。这就破坏了知情同意的前提,使得数据管理方法的不具备合法性。鉴于组织和用户之间的不对等,这种方法被认为是带有"剥削性"色彩。人们需要用"出卖数据"来换取数字服务的便利。尽管这种方法备受批评,但已在全球数字经济中广泛采用。

解决数据管理缺陷的另一种方法是监管。在不断变化的政策中,当前欧盟和英国的数据监管框架具有矛盾性和不清楚性的环境。英国先前的研究发现,公众支持对数据进行更好地监管。例如,2014年的英国皇家学会会员(RSS)调查发现,"与控制个人数据的意愿相比,民众更在于个人数据是否被滥用"。《通用数据保护条例》加强了采用该法规的欧盟国家/地区的数据保护法规,但是应该如何实施法规尚不完全清楚。里赫然和诺里斯(L'Hoiry, Norris, 2015)[1]发现,数据保护法规很难轻易地从"理论上的法律"转化为"实践上的法律"。

另一种数据管理方法是个人允许或拒绝数据收集的权利。如果人们可以通过数据存储和数据信托模型等不同的方式收集数据,那么,人们也可以通过"选择退出"表达拒绝信息被收集的愿望。值得注意的是,尽管在当前资本由跨国公司主导的背景下,不太可能广泛采用退出数据信托模型。但这些方法在有关未来优良数据管理的研究中起着重要作用。如上所述,诸如"通知和同意"、监管机构的监督和退出之类的方法并非不冲突,它们既相互区别,又相互联系,都是评估"是否是优良数据管理"的组成部分。"哪些公众在目前数据管理中数据经常受到威胁?哪些公众想使用其他数据管理方法包括数据信托?什么构成了良好的数据管理?"在下一部分中,该研究将调查受访者对上述方法的看法。

三、受访者关于数据实践的现有知识和观点

2019年5月,该研究对居住在英国的2 169位受访者进行在线调查,重点关注参与者对表2中列出的8种数据管理方法的看法,并从英国各地的不同受访者进行数据收集(参见表3)。Qualtrics公司使用"选择加入"方法招募了受访者,其样本人口统计数据与其他信誉良好的互联网专家小组(如YouGov进行的英国大选研究)进行比较(参见表3)。Qualtrics公司与在线样本提供商合作,根据研究目的招募不同的受访者。研究人员发现,就人口统计学特征和对其他社会政治问题的意见而言,Qualtrics公司可以更好地进行概率抽样。应该注意的是,使用Qualtrics公司之类的Internet面板在线进行调查以有能力的技术用户的受访者作为对象。

表3　相较于英国大选调查的受访者人口统计/%

	样本: Qualtrics 2019年5月	比较: 英国大选研究 2019年3月
性别		
男	47.4	45.92
女	52.19	54.08
其他	0.41	**

1　L'Hoiry X, Norris C. The honest data protection officer's guide to subject access requests. International Data Privacy Law, 2015, 5(3): 190–214.

	样本：Qualtrics 2019年5月	比较：英国大选研究 2019年3月
年龄		
18～34	32.64	17
35～54	38.13	33.68
55及以上	29.23	49.58
教育		
没有正规教育	5.17	6.44
技术或其他资格教育	38.13	22.42
GCSE/A级（或同等学历）	48.92	40.45
大学学位（或更高）	27.18	30.41
就业状态		
全职	44.2	39.4
兼职	16.91	15.25
没有工作	24.34	16.17
退休	14.55	5.85
家庭收入		
少于15 000英镑	21.2	14.06
15 000～30 000英镑	32.88	31.52
30 000～50 000英镑	26.16	27.74
多于50 000英镑	19.76	22.03
种族		
白种人	90.63	95.74
少数种族	9.37	4.26
残疾情况		
残疾	20.94	31.35
健康	79.06	68.65
总计%	100.00	100.00
N	2 169	30 842

在对方法进行评级之前，受访者完成了知识问题的学习，以衡量他们对与调查相关的概念的熟悉和理解。该项目调查员会向参与者介绍了一系列关于个人数据、开放数据和《通用数据保护条例》的知识，并要求他们确定每一项陈述是对是错。受访者似乎对个人数据的概念最了解，10名受访者中有7名以上正确回答了这些问题。受访者对开放数据的了解最少：不到一半的人能够正确回答关于这个主题的两个问题。在熟悉和理解《通用数据保护条例》方面，结果参差不齐：93%的样本正确回答了关于其主要目的的两个问题，53%的样本对数据可迁移性的问题提供了正确的回答（见表4）。

表4　受访者正确回答知识问题的百分比

问题（正确答案）	正确/%
通用数据保护条例（GDPR）管理个人数据的处理（收集、存储和使用）。（真）	93.1
可以用来识别个人的任何信息都是个人数据。（真）	92.2
你手机采集的位置数据不是个人数据。（假）	73.4
通用数据保护条例（GDPR）不赋予你访问个人数据组织对您的权利。（假）	72.2
对于不遵守通用数据保护条例（GDPR）的公司仍然没有经济处罚。（假）	69.0
通用数据保护条例（GDPR）允许"数据可迁移性"，这意味着你可以从一个组织获取数据并将其提供给另一个组织。（真）	52.6
开放数据一般不包括个人数据。（真）	48.9
开放数据只能用于非商业目的,修改和共享。（假）	48.2

　　上述步骤完成后,作者提出了关于各组织如何收集、储存、使用和分享个人数据的态度的问题,以衡量受访者对相关问题的看法。同时,要求参与者里克特五级量表表达他们是否同意系列声明。研究发现,受访者"担心个人数据的隐私泄露"的人数占84.6%,"担心个人数据安全性"的人数占84.2%,"希望能够行使自己权利"的人数占92.1%,"希望拥有对数据的更多控制权"占89.0%;"关注组织如何使用其个人数据"的人数占86.9%;"希望公司对滥用的个人数据负责"的人数占96.1%;"反对使用个人数据产生利润的商业组织"的人数占78.3%。只有大约一半（占52.7%）的受访者支持共享个人数据以用于公共利益,大约2/3（占68.8%）的人希望将数据用于社会公益,大多数人（占84.0%）希望以伦理道德为原则来管理、分析和收集数据。

　　在调查中,作者还询问受访者对未来开发数据和服务类型的期待,邀请他们对服务类型进行选择,包括与健康、福祉、环境和教育有关的类型。此外,大多数人认为他们更喜欢政府或公共资助的组织——46%和40%的受访者选择了这些选项。而在受访者中只有18%选择商业组织。该研究还探讨不同的人群对于好的数据管理是否有不同的看法。对受访者有关未来数据驱动的应用程序和服务的问题的回答中发现,构成良好的数据管理的因素可能包括：个人控制,行使权利的能力,负责任的、亲社会的数据使用及公共机构的监督。

四、关于数据管理方法的观点

　　研究受访者对数据管理方法的看法是该调查的核心。文中使用了3种不同的方法：第一种方法要求被调查者使用从0（差）到10（优秀）的李克特量表对4种随机选择的数据管理方法进行评分。第二种方法称为"联合实验的创新方法"。联合实验是通过向被调查者提供从列表中随机生成的选项来实现的。在这个实验中,参与者从8个列表中随机选择了2种方法（见表2）,并要求他们从这对中选择他们喜欢的方法。这个配对选择任务每个重复3次受访者。表5提供了本研究中使用的单属性联合实验的一个示例。该示例使作者能够评估受访者对这些方法的评价方式。第三种相关方法是要求受访者完成多属性联合实验。这与上面描述的第二种方法不同,通过将多个因素随机组合到数据管理配置文件中来评估每个特定因素对偏好的相对影响（见表6）。

表5　单属性联合实验的举例

备选案文A	备选案文B
	你有一个安全的地方来收集、存储和管理有关你的数据,这些数据是由其他服务收集的。这被称为个人数据存储,或PDS。你可以访问这些数据,你可以决定谁可以访问这些数据,他们如何使用它,以及在什么情况下,PDS的目的是让你个人控制你的数据,你可以安全地管理这些数据。 基于这些描述,您更喜欢管理数据的选项? □备选案文A □备选案文B

表6　多属性联合实验的举例

	备选案文A	备选案文B
在这个场景中,数据是	医疗数据	财务数据
数据由控制	你	像市议会或政府这样的受托人
你就能做到	完全控制它的后果	知道关于你的什么数据,由谁和他们如何处理
这些数据将用于这些原因,并产生这些好处	这样你就可以从你的个人数据中获得洞察力和价值	所以一个组织可以利用你的数据来造福公众

根据这些描述,你更喜欢这些选项中的哪一个?
□备选案文A
□备选案文B

（一）与方法相关的偏好

在该研究提供给受访者的8种数据管理方法中,有三项一直得到高度评价。首选第一项是个人数据存储,个人将有一个安全的地方,这个地方可以收集、存储和管理个人数据,在此个人可以控制自己的个人数据(请参见表7)。对有关数据使用的观点的问题的回答表明,更高的个人控制权可能是该方法获得高度评价的原因:86.9%的受访者同意"我希望对组织如何使用我的个人数据进行更多控制"这一说法,并且89.0%同意"我希望对我的个人数据有更多控制权"这一说法。

表7　每个数据管理模型的平均评级(从0—10)

模　　型	平均评级
个人数据存储	7.7
公共监管机构	7.6
数据ID卡(有明确地选择退出选项)	7.5
负责的独立组织	6.4
公共数据共享	6.3
负责任的独立政党	6.2
数据合作社	5.9
现状	4.9

研究发现：继"个人数据存储"之后的方法是"公共监管机构"。该机构监督"组织如何访问和使用数据，代表英国公民行事"，以"确保以合法和公平的方式收集，存储和使用个人数据"。"公共监管机构"这一选项，受访者具有强烈偏好。

受访者对该方法的评价很高，这表明他们倾向于通过法律强制执行的保护措施、个人对数据拥有控制权。这一发现在回答有关数据使用观点的问题时得到了证实：96.1%的受访者同意"我希望公司如果滥用我的个人数据要承担责任"这一说法，这可能解释了受访者强烈希望数据管理受到监管机构监督的原因。与上面引用的皇家统计学会（RSS）2014年的调查相比，该调查发现：对监管的支持比对个人控制的支持更多，公众偏爱"个人数据存储和公共监管机构的监督"这两种数据管理方法。该研究还介绍"数据ID卡"的另一种方法，该方法让人们可以选择"拒绝其数据收集"，为选择退出数据收集的手段提供实质性形式。该方法在调查中总体排名第三，说明了受访者非常在意数据的个人控制，也表明了他们对当前的数据管理办法的不满意。

为了确保调查结果的可靠性，以多种方式调查受访者对数据管理的看法。调查发现单属性联合实验的结果证实了上面讨论的发现，该实验要求受访者从随机生成的方法对中选择他们更喜欢的选项（如图1所示）。标绘点提供了相对于现状选择方法的概率的变化（即这些数字服务可以控制人们的数据）。垂直虚线表示数字服务/状态基线；虚线右边的点表示相对于基线，选择特定方法的可能性增加。绘制点两侧的线为95%误差线，表示不确定性围绕每个值。

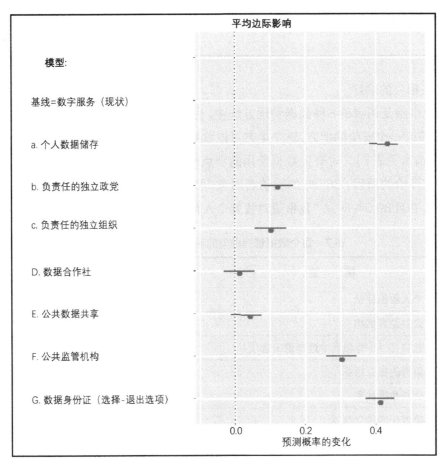

图1　单属性联合分析结果

　　与个人评分任务一样,实验首选的3种方法是个人数据存储,其次是选择退出,第三是公共监管机构进行监督。与现状即"通知和同意"方法相比,选择以上三种方法的概率至少增加30%。无论从统计学上还是从实质上来说,差距是很大的。在评级任务和单一属性联合实验中,没有提供个人控制或监管监督的方法(上文称为"类似信托")的平均得分要低于提供以下此类功能的方法。这些方法包括由公共数据公共部门、数据合作社、多个负责的独立组织、特定的负责的独立方进行监督。类似信托的方法比现状更可取,但比基于个人选择,控制和调节的方法不受欢迎。

　　这些方法获得等级较低的选择,可能与受访者对选项的熟悉程度有关。如上所述,受访者对开放数据的有限知识,影响数据信任方法的选择,只有39.3%的受访者同意"我支持开放数据"这一说法。大众对开放数据的支持程度相对较低,可能是由于他们对开放数据的理解水平较低。这可能可以成为解释受访者介绍的"类似信托"数据管理方法的平均得分较低的原因。对目前方法的选择,平均评分仅为4.9(满分10分),这表明受访者对控制数据的服务和组织不满意。获得较高评价的"选择退出"模型,以及民众对数据管理问题的担忧,呼吁当前的数据管理方法需要进行根本性地改变,只有这样才能赢得公众的支持。

　　(二)与数据处理方案有关的首选项

　　该研究还使用了多属性联合实验,比较了数据处理中许多因素的重要性,筛选出"数据类型、数据使用、相关利益、数据管理方法的偏好"四个维度。图2表明,影响多属性联合实验最重要因素是数

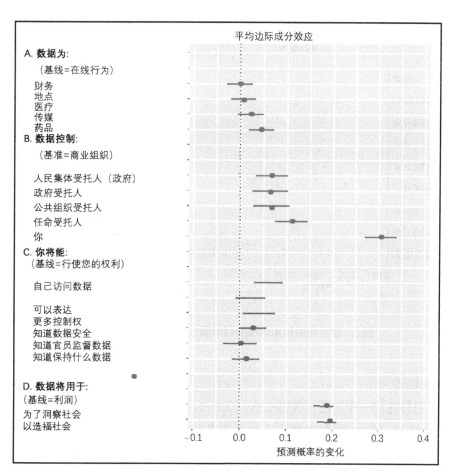

图2　多属性联合分析结果

据控制者——受访者希望控制权掌握在他们自己手上。受访者选择数据管理方法,以使他们能够控制自己的数据的概率相对于基线(即由商业组织控制数据)增加了30%。因此,如表7所示类似,个人控制在该实验中起着关键作用。与调查发现一致,受访者更喜欢由商业组织以外的任何人负责控制其数据的方案。在该实验中,除了受访者本人自己访问数据以外,替代控制的方法几乎没有显著差异,表明受访者希望保有行使自己数据的权利。实验的另一个重要因素是数据用途,涉及数据的使用和受益者。受访者更倾向于将数据用于洞察力或造福社会而非牟利的用途,这与其他调查的结果是一致的。如图2所示,受访者不喜欢他们的个人数据由商业组织控制或用于牟利。

(三)受访者之间的差异

与数据相关的现有知识等因素是否影响受访者对数据管理方法的看法。作者研究发现,知识是一个重要影响因素,知识水平高的受访者更喜欢由公共监管机构提供对个人数据的更多控制和(或)监督的方法,知识渊博的受访者与大众相比,对现状的偏爱略高一些,但这种影响相对较小。年龄对方法的评分也有重大影响:年轻的受访者对现状的管理方法的评分高于35岁及以上的受访者。因此,与年龄和现有知识有关的差异是重要影响因素,但是影响占比差距不大。除了这两个影响因素外,性别、种族、教育程度、就业状况或家庭收入都不是重要影响因素。图3通过单属性联合实验分析年龄和知识的影响,结果与图2所得结果一致。

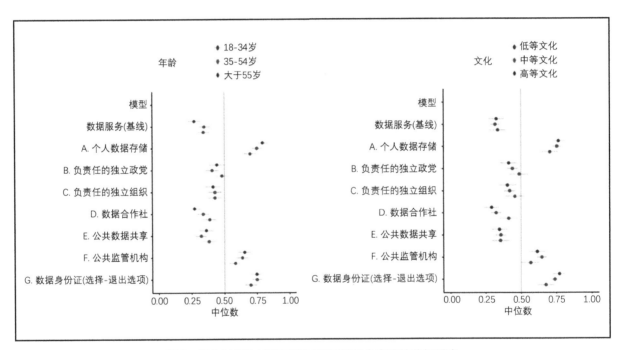

图3　按年龄组和知识程度对单属性联合实验的分组反应

五、讨论和结论

该研究力图回答这样一个问题:"英国公众认为什么构成了优良的数据管理?" 研究结果表明,个人数据存储,公共监管机构的监督、选择退出数据收集的权利是英国公众所认为的优良数据管理主要特征。另一个重要发现是,受访者不喜欢商业组织控制个人数据并从中获利,以此交换数字服务的方法。如上所述,这些数据管理方法不是相互排斥的。根据《通用数据保护条例》,目前占主导地位的

"通知和同意"数据管理模式应加入"退出选择权和公共监管机构的监督"两个维度。

作者得出三个结论：第一，个人数据相关的管理组织和政策制定者需要认识到：当前数据管理的方法的现状，公众对此并不满意。人们倾向于选择、控制和监督个人数据，不喜欢商业组织控制其个人数据并从中获利。第二，在开展该调查期间，《通用数据保护条例》仍将在英国实施。该研究认为，需要进一步研究有关"理论上的法律"和"实践上的法律"之间关系（Galetta，等，2016）。理论上优良的管理方法，只有通过加强执法、监管机构的监督和更完善的法规才能得到保障。第三，在实践中，需要审视受访者对其个人数据进行更多控制的偏好。"个人数据存储"方法可能会加重个人的决策负担（Steedman，等，2020）。因此，数据管理决策责任转移给公民不一定能实现优良数据这一目标，需要进一步研究有效的数据控制方法。该研究确定了大众对数据管理的用户需求，但需要进一步研究如何在实践中实现这一目标。

此外，该调查还发现，并非所有的数据管理方法都能得到受访者平等的评价，这与受访者对这个方法的熟悉程度相关。相比于个人数据存储、控制和退出数据的权利方法，受访者对数据信托（如：公共数据共享库，数据合作社，负责任的独立方或组织的监督）的熟悉程度不高，也一定程度上造成对他们选择的偏好度较低。此外，知识程度水平和年龄也会对方法选择产生影响，但是这些因素的影响相对较小。公众对优良数据管理的看法仅部分符合政策专家、研究人员确定的优良数据原则。尽管受访者表示"支持有利于社会的数据广泛使用"这一观点，但是，以数据合作社和公共数据共享为代表方法并没有被受访者接受，即使这些方法有助于社区参与，可以使公民积极行动和赋权。受访者对"什么是优良数据管理"的评估，与那些认为"数据信托也代表优良数据方法"的专家意见并不一致，因为受访者认为数据信托的方法不是最可取的选择。

该研究的主要贡献在于：细化了作为概念的优良数据，加深了作为实践的优良数据管理的理解。鉴于当前英国脱欧后数据监管的不确定性，为英国政府提供了一个听取公众需求的机会。受访者对个人数据进行商业控制现状表达不满，并表明了他们对优良数据管理的期待。英国政府可以选择"实施广受公众支持的优良数据管理方法"，这意味着需要投入资源进一步技术开发、开展咨询和论证。相反，英国政府也可以选择"对构成优良数据管理的公众意见不予理会"，但这意味着将永久性地失去民众的信任，这一选择可能会损害以"良好、合乎道德和负责任的方式使用数据"为原则的政府和组织。这些研究结论并非英国独有，许多国家面临与数据信任缺失的挑战。因而，数据管理方法的研究需要在全球范围内进行进一步展开，以探索更受公众欢迎的数据管理；同时需要数据决策者和从业者采取全球行动来回应公众的关注。

信息时代下在线隐私素养赋能数据保护和信息自决

［德］菲利普·马斯尔著*

金　华编译

摘要：关于在线隐私权的争论源于自由主义理论。基于自由主义理论的观点，隐私通常被视为一种不受社会、经济和制度影响的自由形式。然而，这种对隐私的消极观点过于关注个人如何得到保护或如何保护自己，而不是质疑保护本身的必要性。本文中，作者认为提高在线隐私素养不仅能使个人获得（必然在一定限度内的）消极隐私，而且有可能促进隐私审议过程。在此过程中，个人成为社会变革的推动者，为积极隐私和信息自决创造了条件。为此，作者提出了一个在线隐私素养的四维模型，包括事实隐私知识、隐私相关反思能力、隐私和数据保护技能以及批判性隐私素养。随后作者概述了这种知识、能力和技能的结合如何保障个人免受横向和纵向的隐私侵犯，进而激励个人对最需保护的社会结构和权力关系提出严正批判。了解此过程，并批判性地领会消极隐私的内涵，为未来研究在线隐私素养和一般隐私提供了较好的方向。

关键词：数据保护；数字素养；信息社会；信息自决；新媒体；在线隐私

一、导　语

在所有社会中，人们不断地寻求隐私。但隐私本身并不是目的。它描述了在什么条件下可以满足诸如自主性、情感释放、自我发展和自我评价等基本需求。隐私的价值在许多人权宣言中都得到了直接或间接（指隐私权促进了其他基本权利）的承认。

尽管隐私概念可以追溯到不同的思想流派，但是当代关于在线隐私的讨论几乎完全采用了自由主义理论的观点。当前对隐私的威胁无处不在，如无处不在的监视、大规模的数据收集、信息日益商品化、网络环境中的公私界限模糊、强大的经济参与者对个人的重塑等。面对这些威胁，注重隐私的学者与公众认为应该构建免于社会、经济和社会干扰的隐私保护机制。这种观点类似于"消极自由"的概念。非侵入式隐私理论，独处隐私理论以及控制与限制隐私理论都是这种消极隐私概念的变体。

*作者简介：［德］菲利普·马斯尔，德国美因茨大学通信系。

这三个都是经典的隐私理论。

由于将隐私视为对外部入侵和影响的防御，无怪乎重要的研究问题都围绕下面三个问题展开。一是个人如何以及是否能够在隐私侵犯日益频繁的媒体环境中保护自己；二是隐私问题如何与隐私保护行为相关；三是如何制定政策、法律或法规来保护个人隐私。

在这些关于隐私的自由主义论述中，重点是保护个人免受接触和识别。因此，提出的解决方案包括但也仅限于强化自我保护的知识、技能和能力，以及在政策层面实施隐私和数据保护等法律法规。从批判性视角来看，这些解决方案主要是保护消极隐私。就像战争时期最好的解决办法是建造碉堡。这种解决方案显著降低侵犯隐私行为发生的风险，但是方案本身并没有触及系统本身。就像治病，治标不治本。虽然社会对隐私入侵提供了新的保护措施，但是并不承认这种保护的必要性是社会权力系统带来的风险和入侵所致。

学者们注意到，对隐私的消极描述无法应对技术驱动下的社会和经济发展所带来的威胁。一种观点认为，支持信息商品化及大型经济参与者和个人之间不平衡的社会结构，不仅仅是对个人隐私的外部威胁，也是对他们实施无处不在的监控和大规模的数据监管。此外，这些结构及其背后的经济因素塑造了隐私空间本身，这些结构也赋予了我们获得和保护这些空间的方式。

更具体地说，它们会对隐私造成内在威胁，因为个人在这些空间中的日常实践使这些支配结构永久化。福克斯[1]同样认为，这种自由的隐私概念"合法化并再生产了资本主义阶级结构"。例如，社交网站在提供新的沟通方式的同时，也侵蚀了公共和私人之间的界限。同时平台上还提供了"隐私设置"功能，防止系统崩溃导致隐私泄露风险。然而对个体而言，这个设置不过是一种错觉而已，可能会导致更严重的信息泄露。这些设置支持了信息的商品化，并导致垂直层面上更多个人数据被泄露和利用。

同样，我们对隐私的研究和概念都是基于消极自由的观点。只要把重点完全放在了解个人如何在一个大规模监视和数据收集的世界中保护自己，研究就无法挑战这个世界本身，也无法设想基于不同前提的替代方案。例如，信息自决的概念确实体现了积极自由的内涵，并可能有助于我们想出其他隐私替代方法。换而言之，积极隐私是指是个人有权自行决定何时以及在何种限度内个人的信息被收集、分析。这种观念承认并强调个人的能动性、自我控制能力和实现自己意愿的能力，而不是保证不受外部影响。例如，根据联邦德国宪法第2章第1条及第1章第1条，信息自决权是从更普遍的人权中推导出来的。

本文的目标是双重的。首先，作者讨论了在线隐私素养是保护自己免受外部社会、经济和政府影响的能力，即消极隐私。在线隐私素养在民主社会中发挥着重要作用。第二，作者探讨了社会如何能够向更积极的隐私概念转变，即信息自决。文章主要思路是，通过在线隐私素养研究，提出保护隐私免受外部影响的解决方案，为社会变革提供基础，并激励个人成为社会变革的推动者。但是这个方案仅限于民主社会，在民主社会中，通过公民参与实现社会变革是可能的。在专制政权中，公参与变革的途径不太可行。

随后，文章介绍了一个扩展的在线隐私素养模型。这个模型包括三个基本维度：事实隐私知识、隐私相关反思能力、以及隐私和数据保护技能。文意也从理论上提出了一个称为关键隐私素养的总体维

1 Fuchs C. The political economy of privacy on Facebook. Television & New Media, 2012, 13(2): 139-159. https://doi.org/10.1177/1527476411415699.

度。随后,作者将在线隐私素养的作用概括为两方面:一是赋予个人保护自己免受体制和经济干扰的能力;二是促进对现状的批判性评估,进而推动社会变革。

二、在线隐私素养的扩展模型

先前关于在线隐私素养的研究通常是由所谓的"知识差距假设"推动的。个人对其在线隐私的担忧并未转化为与隐私相关的行为这构成了"隐私悖论"。人们推断,关注点和行为之间的差异可以解释为知识和技能的缺乏阻碍了个人的隐私保护行为。因此,实证研究调查了隐私素养的各种概念与信息披露或隐私保护策略之间的关系。关于在线隐私素养的第一个理论解释通常只包含一到两个维度,主要集中在对经济实践或技术技能的认识上。直至最近,融入了上述多个维度的在线隐私素养多维模型才在文献中出现。特雷普等人区分了事实知识和程序知识。前者是指关于隐私和数据保护的技术、经济和法律方面的信息,后者是指理解数据保护策略的程序性知识。

基于这个四维知识,马苏尔等人[1]提出了一个综合性的在线隐私素养模型,通过将各种知识维度和程序技能与反思和批判性思维能力相结合,使其更符合传统的素养概念。他们认为,知识不足以激发行为和社会变革。人们需要能够反思和质疑他们的文化和社会条件,以推动社会变革。在下面的内容中,作者展示并扩展了这个模型(参见图1)。在此过程中,作者区分横向(即针对其他用户)和纵向(即商业和机构)隐私水平。所有的四个维度都是相互联系的,并建立在彼此之上。我们必须要把

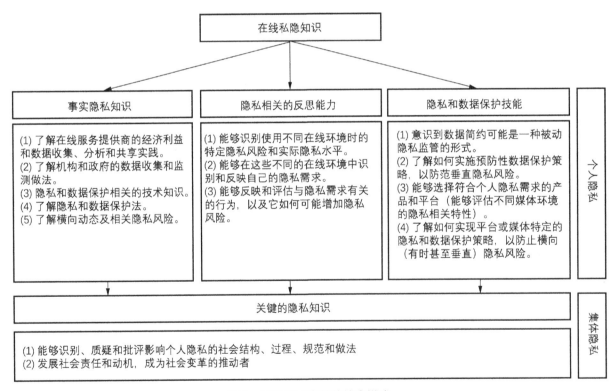

图1　在线隐私素养的综合模式

1　Masur P K, Teutsch D, et al. Online-Privatheitskompetenz und deren Bedeutung für demokratische Gesellschaften [Online privacy literacy and its role in democratic societies]. Forschungsjournal Soziale Bewegungen, 2017, 30(2): 180-189.

这四个维度的知识需要与自己行为联系起来,如有意识信息披露有助于信息商品化,才能发挥全面知识的作用。如用户仅仅知道Facebook从用户那里收集数据以使得广告个性化,却不了解在线环境中的各种隐私风险、程序性知识和技能(例如,知道如何更改社交网站上的隐私设置),则对其隐私保护作用不大。

此外,该模型提出,知识、反思能力和技能为最大限度地保护个人隐私提供了基础。因此,关键隐私素养的总体维度将重点从个人转移到整个社会。这不仅为社会状况进行批判性调查提供了依据,也需要隐私保护并强调隐私的集体性质。

(一)事实性的隐私知识

此维度认为公众对事实、概念、信息和条件的熟悉、了解和理解对于培养任何类型的素养都是必不可少的。就像了解计算机的外观和用途是培养使用计算机所需技能的第一步,在线隐私素养基本上包括有关在线隐私和数据保护的各种社会、经济、制度、技术和法律方面的事实知识。在纵向层面上,事实知识包括:(1)改善对互联网信息流、在线服务提供商的经济模式,同时提高对数据收集、特征分析和价值评估的认识;(2)提高对政府和机构监督和监测做法的认识和知识;(3)了解关于互联网上数据保护和隐私的技术方面的知识(即关于互联网的技术基础设施和在线应用程序、隐私相关软件以及隐私入侵的专门知识以及在线应用程序和平台的性质);(4)了解国家和国际数据保护法以及公司和用户的衍生权利和义务。在横向层面上,它包括对网络环境(如社交网站、即时通讯器、在线购物平台)塑造和新的社会动态的认识和理解,并了解其他用户侵犯隐私和入侵的风险(例如,可扩展性、可连接性和可编辑性信息、传统上不同社会背景的融合级公共和私人空间的模糊)。

(二)隐私相关的反思能力

第二个维度描述了媒体使用对知识的反思能力。主要包含:(1)能够识别与自己相关的特定隐私风险,并评估各种背景和媒体环境中的实际隐私水平。(2)个人还需要能够在这些不同的背景和媒体环境中识别自己的隐私需求,这些背景和媒体环境涵盖了横向和纵向的隐私动态。(3)反思自己个人行为,以及隐私被侵犯是如何造成的。尽管这一维度仍然侧重于保护个人隐私,但这些反思能力必须被视为培养更具批判性的评估能力的关键要求。只有意识到自己的隐私在大多数媒体环境中处于危险之中,个人才能对影响个人隐私的规范和社会结构形成更为批判性的理解。

(三)隐私和数据保护技能

第三个维度建立在前两个维度之上,因为它将事实知识整合为程序技能。它代表了实施有效的数据保护和隐私监管策略所需的所有技能,这些策略可以防范在线环境中的横向和纵向隐私风险。第一个策略强调个人需要培养一种数据简约意识,即披露较少的私人信息,这是保护隐私的第一步。第二策略强调用户应掌握程序知识,知道如何实施复杂的数据保护策略,防止在垂直层面上的访问和识别,如使用匿名化软件,如TOR、安装反跟踪插件或加密通信。第三个策略是用户应该有区别地选择保证更高隐私级别的平台和服务,或者推出侵犯隐私的产品。最后的策略,使用特定平台的隐私设置技能,尽量减少横向隐私风险,如限制对帖子的访问或使用假名。

(四)批判性隐私素养

前三个维度是在线隐私素养的构成基础。这三个维度通过限制个人对自己的访问,防止不必要的身份识别,进而保障数据安全。因此,不受外部侵犯,是最大限度地保护消极隐私的手段。然而,即使我们了解在线隐私相关社会、经济、制度、技术和法律方面,并不断反思自己的媒体使用和其他涉及隐私行为,同时还努力在各种媒体环境中保护自己的隐私,这些最终还是会导致保护程度的不确定性。这种不确定性反过来又会导致人们针对最小化垂直隐私入侵方面能力的有限感到不适。由此,一些学者认为,个人可能会产生某种形式的隐私疲劳或隐私愤世。这些概念指的是一种基于不确定性、不信任和无力感的认知应对机制,使得隐私保护变得徒劳。个人可能意识到,隐私为他们提供保护空间的同时,也带来了疏远自己的可能。作者也意识到,隐私保护是一个矛盾的话题。

与批判性媒体素养相似,作者将"批判性隐私素养"定义为批评、质疑和挑战现有社会、经济和体制实践假设的一般能力。这些假设导致了一种现状。在这种现状中,个人必须捍卫自己的自由,免受不平等的、更强大的经济和体制影响。批判隐私素养包括识别和分析影响个人隐私的社会结构、规范和实践,这些都是大社会的一部分。这种类型的素养将重点从个人转移到社会,它涉及到对数据收集和处理中的经济和政府利益的理解,并最终导致人们有能力从道德的角度去挑战这种体制性做法。因此,一个批判性看待隐私问题的人,就不会被一个看似不可挑战的环境所压倒,也不太可能形成隐私愤世,从而能够保持一个自主和理性的立场。

批评使个人更具政治性,因为他们应该越来越感到有责任改变有问题的结构、规范和做法。这种责任可能包括参与讨论、支持隐私倡议或参与民主社会。总而言之,具有高度批判性隐私素养的个人在社会生活中更有动力和能力,因为他们知道如何使用与隐私相关的知识和技能作为社会交流和变革的工具。

三、在线隐私素养的功能

基于上述多维模型,作者认为在线隐私素养的作用是双重的(见图2)。一方面,它使个人至少在某种程度上能够保护自己免受社会、经济和制度的影响。通过在线隐私素养,他们可以自行实施数据

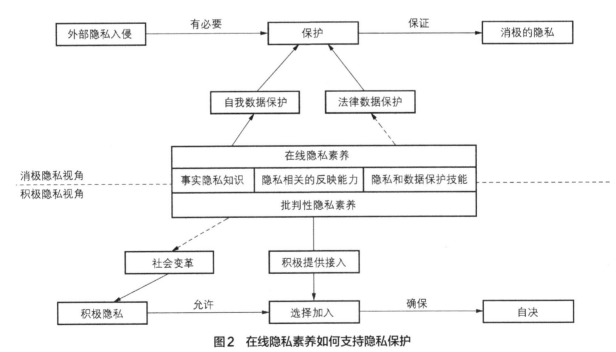

图2 在线隐私素养如何支持隐私保护

注:虚线箭头表示通过民主进程产生的间接影响(例如,只有通过政策制定才能改变数据保护法律和条例。因此,个人只能投票给在决策过程中代表自己意愿的政治家)。连续箭头代表直接影响(例如,具有适当的事实知识和数据保护技能,个人可以保护自己,从而确保免受外部隐私入侵,以保证负面隐私)。

保护策略和隐私监管策略(以下简称自我数据保护),或者通过法律法规保护数据(以下简称法律数据保护)。另一方面,在线隐私素养,特别是批判性隐私素养,可以被视为实现公民民主潜力的基础,反过来,也可以看作是社会变革的动力。在下面,我将更详细地讨论这两个角色。

(一)增强个人自我保护能力,反对社会、经济和制度的影响

越来越多的研究表明,更高的在线隐私素养与更多的自我数据保护有关(见图2)。例如,帕克对美国419名成人互联网用户进行了一项调查,发现对网络隐私技术方面的熟悉、对机构监控实践的认识以及对隐私政策的理解可以预测隐私保护行为。同样,克劳斯等人发现,识字率较高的智能手机用户更有可能选择加密的即时通信工具,如3mA或Signal。基于对1945年名德国互联网用户的调查,马苏尔等人同样发现,更高的在线隐私素养与各种数据保护策略(例如,使用假名或匿名工具)之间存在正相关关系。最后,10项研究的元分析显示,隐私素养与数据保护策略的实施之间有一个微弱正相关的关系。这些发现表明,培养在线隐私素养的前三个维度,即事实知识、自我反省和程序技能,与更多的个人数据保护有关。类似于在攻击情况下,建造掩体或者作出合理反应,在线隐私素养为个人提供了保护自己免受外部影响的知识、能力和技能。

对于专制社会或混合政体的公民而言,如俄罗斯或土耳其的公民,在线隐私素养可能更为重要,因为它提供知识、能力和技能来保护自己免受强大政府的入侵或监视。例如,在一个试图尽量减少反对声音的政权中,仅仅联系"可疑"的人或在谷歌上搜索某些信息都是有风险的。知道如何使用TOR(2020)或加密信使,可以提供安全的方式来通信或上网。

然而,在线隐私素养在保护个人隐私方面的潜力仍然值得商榷。首先,大多数研究采用横断面调查设计,没有调查因果关系。知识和技能的传授是否会导致个人行为的改变,或者知识是否会随着数据保护策略的使用而增加,这些目前都不清楚。其次,还有学者认为,促进自我数据保护可能是一个不成熟的解决办法。因为几乎没有任何可实施的工具或战略足以在纵向上保护人们的隐私。自我数据保护可能会造成不理想的后果,例如忽视政治责任或助长用户之间的不平等。为了切实保护个人隐私,考虑自我数据保护的限制是很重要的。例如,马茨纳[1]认为,大数据和无所不在的计算涉及隐私威胁,甚至对那些没有被收集过数据的人也会造成威胁。其他研究发现,社交网站的非成员之间的联系是依靠朋友那里提取的信息或者是网站成员邮箱获取的信息。因此,即使是退出使用侵犯隐私产品或平台的个人,也容易受到纵向隐私的侵犯。

此外,许多学者认为,在网络环境中,个人数据保护已不足以解决问题。相反,社交网站和其他在线环境的用户需要尝试进行群组或集体隐私管理,以便在集体设定的边界内建立信息流。有鉴于此,巴鲁赫和波佩斯库[2]认为,以个人隐私素养和自我数据保护为中心的监管努力注定会失败,因为他们未能承认隐私的集体性质和价值。

最后,只有当隐私入侵变得容易察觉的,且与个人联系起来的时候,消极隐私的观念才能建立,基于其上的外部影响保护机制才能奏效。然而,在现代大数据环境中,垂直隐私侵犯大多是无形的。例如,大数据环境的算法社会分类特征极大地限制了个人在其社会轨迹上自我定义。个性化服务(例

1 Matzner T, Masur P K, et al. Do-it-yourself data protection: Empowerment or burden?//Gutwirth S, Leenes R, de Hert P. Data protection on the move. Cham: Springer.2016, 277-305.
2 Baruh L, Popescu M. Big data analytics and the limits of privacy self-management. New Media& Society, 2017, 19(4): 579-596. https://doi.org/10.1177/1461444815614001.

如，社交网站以及在线购物平台等）将人群分为抽象的、算法生成的类别。这些类别不仅与个人用来定义自己的"自我范畴"相去甚远，但同时也以一种转瞬即逝的、不可挑战的方式重新定义自我。为了质疑这样一个信息社会，焦点需要从个人隐私转移到集体隐私价值。

（二）激励个人成为社会变革的推动者

在线隐私素养使得个人可以影响其文化和社会中隐私的定义和处理方式（图2，"积极隐私视角"部分）。如果个人能够识别、质疑和批评影响个人隐私的规范、过程和社会结构的能力，他们就可以淡化自己的隐私需求，反思和挑战自己在社会关系和权力结构中的纠葛，并专注于以集体利益为基础的隐私价值。

这样，我们的基本的目标就是加强和创造社会条件，做到信息自决，从而适应积极的隐私概念。在这种情况下，个人不再需要通过保护来实现消极隐私，因为积极隐私是默认的。相反，当个人觉得合适时，他们会主动提供自己被访问的机会。然而，对于这些决定，在线隐私知识仍然是需要的。

这些理想条件可以通过制定一些政策来实现。比如，用户数据和信息去商品化。对非商业性互联网服务提供更多的政治和经济支持是可行的，这些服务不收集数据，也不基于广告的商业模式，如维基百科。政策更加支持贯彻"默认隐私"或"设计隐私"原则的平台或产品，这些原则有助于用户全面代理和控制自己的信息，并严格遵循知情同意的原则。在制度层面上，罗森[1]认为对被遗忘的权利作出更有力的承诺，可以进一步支持真正的信息自决。尽管新的《欧洲数据保护条例》，到目前为止只有少数国家将其应用于宪法法院的判决，例如德国。

如果在线隐私不受信息开发的制约，为用户提供"选择加入"，而不是"选择退出"的政策，并给个人提供参与通信环境设计和开发的机会，我们就可以预见一个积极隐私的概念。特别的在线隐私素养应该培养出负责任且政治上成熟的公民，他们不仅专注于保护自己，而且质疑保护的必要性。这种观点的转变应该与参与民主进程的动机增加有关，这可能会影响整个社会对隐私的处理和看法。在这方面的政治参与可以采取多种形式，包括积极的议程设置、对数据保护和隐私的抗议、参与政治讨论、参与政党或投票支持更坚定地致力于信息自决的政党。

到目前为止，还没有关于批判性隐私素养与公民参与之间关系的研究。然而，研究表明，较高的媒体素养与政治参与呈正相关。例如，根据对400名美国学生的调查，马滕斯和豪布斯发现，在媒体信息方面有较高的批判性思维能力，可以积极预测公民参与各种活动的意向。例如，在全国选举中投票或加入一个政党。批判性素养帮助公民准确地搜集信息并质疑权威，使公民成为消除不公正、大胆表达诉求、努力创造美好生活的主体。批判隐私素养同样可以让个人利用他们对社会隐私相关方面的知识来解构强大的经济参与者、政府机构和弱势个人用户之间的不平衡，从而成为社会变迁的推动者。通过加强公民参与，将有可能形成更积极的隐私观念。

四、结论和未来展望

在这篇文章中，作者认为"消极自由"被自由主义概念化了。这种概念化导致在社会辩论和学术研究中都非常重视隐私保护。因此，政策制定和研究主要集中在寻找保护个人免受横向（即来自

1　Livingstone S. Media literacy and the challenge of new information and communication technologies. The Communication Review, 2014, 7(1): 3-14. https://doi.org/10.1080/10714420490280152.

其他用户的威胁)和纵向(即通过数据收集和监测实践进行的经济或体制入侵)侵犯的方法。这些研究本身也很重要,因为防止身份识别和不必要地获取个人信息在民主社会至关重要。但是这种情况并没有考虑到隐私保护必要性。作者认为,试图保护个人免受外界影响,类似于只治疗某一疾病之症状,而不究其病因。如果隐私问题被概念化和理想化,那我们必须要考虑达到这种理性化状态需要什么社会条件。

作者认为,需要辩证地看待在线隐私素养问题。在线隐私素养的提升一方面可以增强个人权能,保护自身,另一方面却又是推动公民参与、促成信息自决的根本动力。作者提出并完善了一个由4个相互关联的维度组成的在线隐私素养模型:① 关于隐私和数据保护的社会、经济、制度、技术和法律方面的事实知识;② 反思与自身行为相关风险的能力;③ 隐私和数据保护技能;④ 能够批判性地评估影响所有个人隐私的过程、社会结构和规范,以及成为社会变革推动者的动机。这种知识、技能和能力的结合为个人提供了参与自我数据保护策略的手段,以及如何通过现有数据保护法实施数据保护的意识。然而,更高的在线隐私素养将使个人能够淡化自己的隐私需求,反思和挑战自己在社会关系和权力结构中的纠葛,批判导致隐私和数据保护必要性的社会条件,关注隐私作为集体利益的更大价值。在线隐私素养,尤其是批判性隐私素养,成为传播旨在探索和支持信息去商业化的民主潜力的基本要求。然而,必须指出,这种审议进程在非民主社会中可能面临相当大的挑战。在言论自由得不到保障的独裁政权中,可能无法通过选举、抗议或其他形式的公民参与来挑战现状和实施变革。考虑到这样的行为对个人来说是有风险的,在非民主社会中,真正的信息自决可能更难实现。

由于通过经济利益和大规模监视等因素引起的外部威胁无法完全消除。因此,上述过程可能会因过于理想化而受到批评。但是我们仍然关心如何在社会层面上提高在线公众隐私素养,尤其是如提高批判性隐私素养。一种方法是将各自的教育纳入现有的学校课程。在这一环节中,在线隐私素养应该是整体性的。应在各种学科(如历史学、政治学或社会科学)中传授有关信息社会的经济模式、数据收集和监督行为以及在线环境的横向动态的知识。技术方面的内容可以在计算机课程或媒体教育课程中教授。在线隐私素养的各种知识维度可以使用传统的说教式学习技术进行教学,但体验式学习是培养批判性思维和反思能力以及培养数字公民意识的更具前景的途径。这一概念最近在教育学习平台等社交媒体中得到了实施。该平台不仅注重通过经验传授和动手技能,而且促使青少年反思并批判性地参与在线媒体信息和行为。

然而,更重要的是,本文为未来的在线隐私研究提出了几种路径:

第一,研究者们应该批判性地调查,他们的研究是否存在对消极隐私的规范前提和实际意义存在狭隘的理解。社会科学中调查在线环境中隐私和自我披露过程的许多文章认为,个人缺乏在网上保护自己的知识和技能。因此,学者们经常提出隐私素养教育作为解决当前隐私问题的一个潜在的解决方案。然而,我们应该批判性地评估一下,这样一种竭力保护个人隐私的强烈意愿,是否会有助于改善隐私泄露,或阻碍了对促成隐私保护必要性的环境的科学分析。

第二,未来的研究应该更详细地调查在线隐私素养的概念,确定潜在的子维度,开发测量工具,调查什么样的教育项目和干预措施可以培养在线隐私素养。目前,大多数现有量表仅关注事实性知识维度。因此,未来的研究应开发额外针对反射能力的量表或测试,展示用户实施数据保护策略的程序知识和技能,并客观地测试他们的关键评估能力。现有的衡量媒介素养和特别是批判性媒体素养的方法,可能会在开发此类测试中证明有用。

第三，作者认为，公众更高的批判性素养可能会提高其参与民主进行的意愿。尽管人们可以考虑使用传统的调查设计，将批判性隐私素养测试的结果与公民参与的各种衡量标准（例如，为隐私相关目的进行演示的意图或为主张信息自决的政党投票的意图）联系起来。但这个初步假设仍然需要谨慎的实证研究作者希望未来的研究能够开发出其他方法来检验这个假设。

此外，理论模型要解释在线隐私素养的作用，应该采取经过充分研究，如在线隐私问题、隐私自我效能感或隐私玩世不恭。但是这也存在垂直隐私风险等不确定性，因此在解释个人行为时，应该考虑并调查他们与在线隐私素养的纠葛。

总而言之，在线隐私素养在应对当前个人隐私威胁的社会、经济和制度动态中扮演着重要角色。然而，与对其潜力的主要假设相反，它不仅可以使个人能够保护自己免受不必要的识别或访问，而且还可以使个人有能力改变当前的社会状况，探索社会变迁的途径，使之朝着更积极的隐私观念发展。探索这些潜力，同时考虑拟议的在线隐私素养模式，在社会层面实现信息自决提供更有意义的选择。

赋权与规制：区块链对个人数据保护与共享的研究

冯小凡　任　博[*]

摘要： 海量的个人数据信息不仅蕴藏着巨大价值，也隐含着大量的个人隐私。当前，数据交互市场由于多方利益主体博弈造成的权责不明、数据割据、隐私泄露等现象时有发生，严重制约着行业的发展。区块链作为一项新型技术，与传统的数据管理模式相比更具有去中心化、去信任化和数据加密等优势，能够较好地解决大数据应用管理中个人数据存在的"数据安全"和"开放共享"的两难困境。通过区块链技术对用户赋权，构建多方参与的共识机制，重构数据市场中多方主体关系，并对以区块链搭建的新型数据共享机制进行规制，从而最终实现权责清晰、可控、可信、可溯的交换共享模式，以此更好地推动我国个人信息共享平台建设。

关键词： 个人数据；区块链；用户赋权；规制

一、"知情同意"的个人数据保护困境

我们正迈向一个"网络世界"（web of the world），通过移动通信、社会技术和传感器将人、互联网和物理世界连接起来。我们是谁、我们在哪、我们买过什么物品、我们去过什么地方、我们的交友圈等个人数据都可以被收集、记录、存储起来。其中个人数据具有巨大商业价值。但当前大平台数据垄断、数据流通环节的安全保护等核心问题一直没有得到有效解决，"数据孤岛"现象仍然明显，个人隐私数据被侵犯成为常态，因而对于个人数据的有效保护和安全流通成为了现阶段面临的难题。

数据作为基础性的生产要素，已成为企业提升竞争力的核心资产，海量信息尤其是个人数据信息的收集、多方流转、比对与再利用成为价值创造的源泉，同时也推动着个人数据生态系统（personal date ecosystem）朝着去中心化的方式重构。[1]传统中心化的架构中，数据持有者通常是政府和企业，而非生产者用户。政府和企业所采集的大部分数据包含个人信息，虽然有的数据表面上并不是个人数据，但经由处理仍可以追溯到个人。[2]个人信息一旦被以数据化进行储存就存在滥用空间，此外，数

---

* 作者简介：冯小凡，南开大学周恩来政府管理学院；任博，上海交通大学国际与公共事务学院。

1　范为.大数据时代个人信息保护的路径重构.环球法律评论,2016,5,

2　参见刘雅辉.大数据时代的个人隐私保护.计算机研究与发展,2015,1,

据场景的创新应用也对个人隐私构成威胁。购物习惯、社交网络、查询记录及位置信息等隐私泄露变的更加容易。

面对日益严峻威胁，"知情同意"法建架构由《个人信息保护法》和《网络安全法》构建，要求网络运营者收集、使用个人数据时，必须事先征得收集者同意。[1]"知情同意"架构是对网络运营者进行一定范围的限制，有效保护了信息主体的人格权和自主权，但当前仍存在很多问题。首先，限制用户的自主选择。运营商依靠研发出行、交流、用餐、购物等软件，供用户免费使用，但前提是必须要用户同意运营商所发布的"隐私声明"。而在现实中由于"隐私声明"与APP的强绑定关系，致使用户为了得到APP的使用权，不得不同意烦琐且难以理解的声明内容，正如兰道（Susan Landau）所言："隐私声明远非为人类使用而设计"。[2]其次，"知情同意"机制给企业增添累积性负担。传统模式下的数据依靠集中储存模式，数据与用户个人信息之间存在着强绑定关系，一旦被黑客攻击或者传输过程中发生泄露，将直接影响用户对于数据分享的源动力，破坏数据资产的变现。最后，数据难以监管。个人数据可以随时随发生，监管却不能无孔不入，尤其对于冗杂的隐蔽数据，如果全面禁止商业收集和使用，会影响行业发展，使监控成本飙升，但是如果不监管，又难以保证数据不被滥用。因此，随着数据市场愈发多样化、网络化、超地域化，对数据市场监管能力、范围、手段、方式等就提出了更高要求。

二、个人数据保护的新路径

本研究基于区块链技术提出个人数据保护与共享方法，探索为个人数据确权提供科学合理解决方案。区块链是一种"去中心化"的分布式账簿技术，具有透明可信、防篡改、可追溯、高可靠性等特性，[3]在一定程度上解决大数据发展中的数据管理、信任、安全和隐私等问题。[4]当前国内外已经开展将区块链技术应用到数据安全的研究。Zyskind等人提出应用一种访问控制管理方案，[5]主要解决移动平台的用户无法撤销对其私人数据的授权访问问题。该技术认可数据访问是可以撤销的，使用区块链技术和分布式哈希表（Distributed Hash Table, DHT）存储方法，构建用户数据权限管理系统。另一项基于区块链技术的U Share项目，是对用户自己在社交媒体上发帖的控制，[6]体现了用户追踪共享文章，并控制再次分享。解决方案包括存储用户共享加密内容的哈希表、共享数据管理系统、管理用户圈的本地个人认证中心（PCA）以及区块链系统。从上述两个案例可以得出，区块链不仅可以保护和控制个人数据的共享，也可以实现用户对于自身社交网络的管理。[7]

区块链（blockchain）本质上是集密码学、点对点网络通信、共识算法、智能合约等为一体的新

1　蔡培如.论个人信息保护中的人格保护与经济激励机制.比较法研究,2020,1,

2　冉高苒."选择退出"机制：重估我国网络个人信息保护.科技与法律,2017,5,

3　余斌.基于区块链存储扩展的结构化数据管理方法.北京理工大学学报,2019,11,

4　中国电子技术标准化研究院.中国区块链与物联网融合创新应用蓝皮书.中国电子技术标准化研究院官网2017年9月13日,http://www.cesi.ac.cn/images/editor/20170913/20170913145041632.pdf.

5　See Zyskind G. Decentralizing Privacy: Using Blockchain to Protect Personal Date. IEEE Security and Privacy Workshops, IEEE Computer Society, 2015, 180–184.

6　See Chakravorty A. U share: user controlled social media based on Blockchain. International Conference on Ubiquitous Information Management and Communication, ACM, 2017, 99.

7　参见王震.面向大数据应用的区块链解决方案综述.计算机科学,2017,S1.

型分布式数据库系统。[1]典型的区块链将数据存储在块链结构,所有参与者共同存储信息,并按照约定规则达成一致。为了确保数据一致性和防篡改性,系统以区块(block)为单位存储数据,根据时间序列将块与块之间连接构成链式(chain)结构,通过共识机制选择记录节点,节点决定最新数据块内容,同时其他节点与新数据块多方验证、存储和维护,数据一旦被完整记录,很难删除和更改,只能用于授权查询。[2]

区块链共享账本、可证可溯、权责明晰和多方计算的技术特征,可以在解决个人数据保护与共享问题上发挥重要作用。① 区块链可以解决个人数据的完整性和真实性。利用区块链去中心化特征,所有的区块链机器在整个互联网中都是一套"巨系统",在这个系统中,数据的每台机器上都有备份副本,所有节点都在计算同一个任务,规避了传统中心化系统因单点故障而丢失数据的难题。② 区块链可以有效促进个人数据的流通。数据资源价值以数据开放和流通为前提。[3]区块链具有共享账本、公开透明等技术特征,[4]可以支持实现信息有序流通与共享。③ 区块链有助打破"数据孤岛"现象。数据流通是数据价值释放的关键。由于数据隐私和安全需要,数据不能简单直接传输。数据流通需完成一系列信息生产和再造,如数据脱敏、控制计算、个性化加密等。数据流通还会产生所有权、质量、合规性等问题,这些因素成为制约数据流通的瓶颈。[5]区块链作为一种难以篡改的、可追溯的数据库,特别强调透明性和安全性,通过多个计算节点共同参与见证和记录、相互验证有效性,既进行了数据防伪,又提供了数据流通的可追溯路径,形成关键信息完整、可追溯、不可篡改、多方可信任的数据历史。④ 区块链技术构建可证可溯的数据交易平台。在区块链搭建的数据交易平台上,数据提供者在完成数据确权后,交由系统完成真实性、完整性与有效性验证,并形成去中心化的数据列表,供所有节点查阅、下载与应用。当数据交易双方达成合作时,交易数据将被上传至区块链,被系统记载并告知所有节点,交易数据将被所有节点记录并保存,以保证交易的安全与可信。⑤ 区块链建立的信任体系。数据在流通过程中,由于其可复制、易修改、难追溯的特性,在成为资产过程中面临严重"信任危机"。区块链技术从根本上改变了中心化的信用创建方式,通过数字原理而非中心化信用机构低成本建立互信,使得参与方不要承担机构和个人背书的成本,高效简约构建了大型合作网络。

三、用户赋权:激活个人数据

区块链技术在很大程度上解决了数据保护与共享之间的矛盾,但是,如何构建和使用区块链系统是讨论重点。区块链本身逻辑是让所有人都有自己的数据所有权,因此应用区块链技术的前提是要解决用户赋权的问题,把数据所有权归还给用户更符合未来数据市场趋势。

数据交易市场是一个多元主体参与的复杂生态系统,多元主体是指除了政府之外还存在其他能够参与数据交易的主体。而在数据交易过程中,多元主体包括政府、企业和个人,每个主体都扮演着不同角色,因其在地位关系、权力关系、作用关系、利益关系等方面的不平衡,突出表现为数据生产力

1　参见叶蓁蓁.中国区块链应用发展研究报告(2019).社会科学文献出版社,2019,137.
2　可信区块链推进计划溯源应用项目组.新兴技术赋能溯源应用.大数据时代,2018,12,
3　参见刘倩.利用区块链技术健全大数据价值流通体系.中国信息化周报,2017年9月11日,第1—2页.
4　参见中国信息通信研究院.大数据白皮书(2018年).载中华人民共和国国家互联网信息办公室/中国中央网络安全和信息化委员会办公室2018年4月25日,http://www.cac.gov.cn/2018-04/25/c_1122741894.htm.
5　参见中国信息通信研究院.大数据技术创新.大数据时代,2018,9,

和数据收益方面的失衡（见图1）。[1]因此，出于自身权利和利益考虑，他们必然会在数据交易市场中做出差别化的行动逻辑和选择。

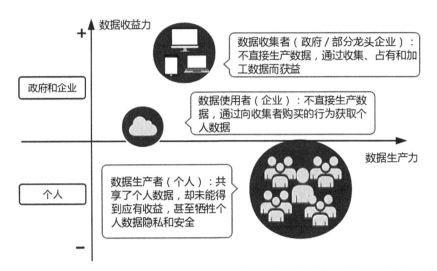

图1　数据交易市场中多元主体间的关系（圆圈大小代表占有数据量大小）

　　首先，政府作为社会的管理者和公共服务的提供者，是最大的个人信息的生产、收集和使用者。[2] 政府主要通过银行、职能部门、事业单位及有牌照的第三方征信机构收集个人数据，存储在个人征信系统数据库。随着政府管理精细化与专业化，政府收集的个人数据信息也就愈加广泛，包括户籍、住址、教育、健康、税收、征信、贷款、社保及犯罪记录等。海量个人数据的合规、精准使用，可以帮助政府更好设计和建设满足个人和社区需求的数字化社会体系。例如，提供个性化的情境感知反馈及其服务。[3]现阶段用户对个人信息的掌握受制于公共利益，政府在个人数据信息的使用和共享上具有绝对的所有权和管控权。同时，政府机构在收集和使用数据会存在侵犯个人信息隐私问题。比如"斯诺登事件"就是典型。因此，政府对于个人数据收集的边界把握显得尤为重要。

　　其次，个人信息数据掌握在部分私人公司。随着云计算、物联网的发展，已经进入高速发展的数字交换时代。比如，全球目前已有超过50亿的手机用户，且这个数字还在不断增加。手机是个人数据载体，供应商、软件开发者等私人机构可以通过无线网络收集绝大多数人的个人数据，包括位置、工作、交易、通信等，以此来深度挖掘用户的潜在行为模式，并做出合理预期进行产品研发。商业机构敏锐捕捉到数据的潜在价值，开始依赖垄断数据取得竞争优势，数据垄断和数据割据就成为数据市场必然。基于这一共识，如何快速获取更多数据成为当前数据行业的关注点。

　　此外，对于个人而言，用户仅能认证自己的基本情况信息，但对于加工后的信息和数据，个人没办法直接处理或更改。甚至有时候大部分人为了得到某些优惠而放弃隐私，无偿提供自己的个人信息。这种现象不仅是个人问题，更多来自于数据系统中数据生产者、收集者和使用者之间关系的结构失衡，尤其是数据生产者（个人）和数据收集者（政府、新媒体企业、网络运营商等）在地位、权力、利益等

1　参见周茂君.赋权与重构：区块链技术对数据孤岛的破解.新闻与传播评论,2018,5.
2　参见胡忠惠.大数据时代政府对个人信息的保护问题.理论探索,2015,2.
3　De Filippi, P. The interplay between decentralization and privacy: The case of Blockchain technologies, Peer Production, 2015, 88.

方面的不均衡,导致用户虽然贡献了个人数据,但却未得到应有受益,甚至牺牲了个人数据的隐私和安全。随着数据泄露变为日常生活的元素,公民逐渐意识到自己个人数据的重要性,开始争取更多权利。让用户真正掌握自己的数据信息,把所有权、使用权、控制权归还给个人,改变原有的数据交易过程中的单向流通,变为在保证个人数据安全前提下,使得个人数据可以在生产者、收集者和使用者中循环共享,这对于未来数据民主化是至关重要的(见图2)。

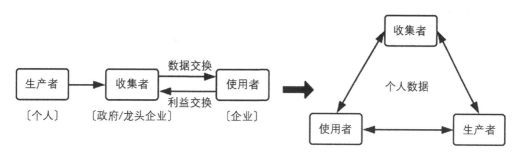

图2 个人数据流通方式的改变

当前,一些国家在法律上已经认可个人对其数据享有多种权利。例如,欧盟及部分欧洲国家在个人数据立法中明确指出,个人数据权利包括信息可携权、知情权、选择权、修改权、删除权、免费获得权、求偿权、被遗忘权和对授权的撤销权等。美国、日本、韩国等国家立法也明确了个人对其数据享有的知情权、修改权等权利。[1] 把权力回归给个人,是让个人拥有对自身数据的所有权、使用权和处理权。

每个人应当有权拥有自己的数据,可以对自身数据进行处置、发布、删除或转移。无论什么组织或机构收集个人数据信息,要确保这些数据的归属权最后仍属于个人,且可以随时随地访问自身数据。而数据收集者就会变为服务商一样的角色,可以作为数据管理者,但却不能随便动用未经当事人许可的数据。同时个人有权控制自己数据的使用,而不是强行绑定,一旦对掌管数据的公司不满意,可以随时把数据删除或更改。给用户赋权可以大大提高用户自身对于数据的掌控权,但也需平衡公司和政府的需求,以便这些组织正常运营。

四、规制:执行数据的"新政"

当前的身份认证和数据安全管理模式已经无法适应,需要应用新技术、新手段的支持,需引入区块链概念和多元协作理论,构建一个新型的数据生产者、收集者和使用者三方共治的机制,明确相关参与主体的职责和权利,并对新型多方共享模式进行规制,从而实现"数据账本"内的各方利益均衡。

(一)技术规制:共享共治的"数据账本"

未来的网络应当是建立在可信任的数据网络技术基础之上,以实现数字身份的可信度和可追溯性。整个网络达成的共识必须以保护用户隐私为根本,确保在公共、国家利益不受损害的前提下,推动数据更好流通。区块链技术以其自身的完整性、安全性、机密性等要素,为上述问题提供解决的可能性。换言之,通过区块链技术可以在保证用户拥有自己数据的所有权和处理权同时,保护用户隐私,并使得数据使用价值最大化。区块链业界人士数据公司总裁、麻省理工学院博士庞华栋也充分肯

---

1 彭云.大数据环境下数据确权问题研究.现代电信科技,2016,5.

定这一理念,他将区块链技术在数据市场的用户赋权称为"将数据权还给生产它的人,每个人不仅会拥有他自己数据的隐私权、生产权、使用权,还拥有他自己数据的定价权。并且区块链会让数据和价值最大化地回归给个人"。[1]

在传统数据交易过程中,个人是处于边缘的弱势群体,个人数据资源主要散布在政府部门、行业协会、第三方机构等,这些机构对数据采集、存储、加工和整合不仅工作量大、成本高、效率低及重复率高,且对数据安全难以保证。区块链技术不仅可以保证数据的传输与共享安全,还可以自动校验提升数据处理能力,避免信息孤岛发生。因此,为了更高效、安全地处理现有个人数据资源,利用区块链技术,对现有收集模式进行整合和规制,构建共享共治的数据账本,归还个人数据所有权。

此外,还可利用区块链技术建立联盟链,如图3所示。政府部门之间的个人数据流通,可以在原有国家总数据库基础上使用区块链技术,不改变原有层级制度,单纯应用区块链改变底层数据录入、传输及共享,原有的信息录入端变为链条上的预选节点,每个模块的生成由所有预选节点共同决定(预选节点参与共识过程),记账过程仍旧是托管记账,只是变成分布式管理。而其他节点可以参与交易,但不过问记账过程,个人信息仍存储在各个机构的数据库中,链条上仅保存机构间交易记录。同时,区块链上保有原来的监管部门,对交易链上的数据和备案信息进行互相参照,保证交易数据的有效性和完整性。该模式优势在于易操作、成本低,保证数据在传输过程中透明性和可追溯性的同时,实现对征信行业的有效监管,达到跨部门、跨地域间信息共享的可能性。

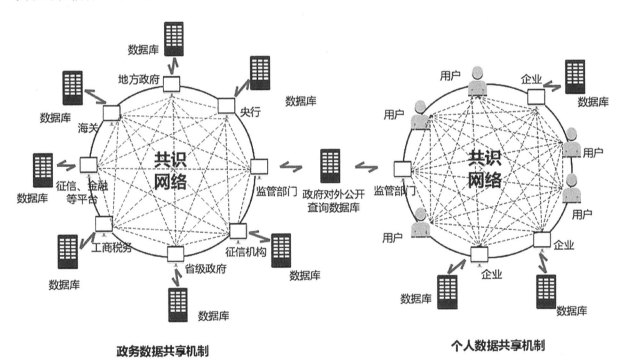

政务数据共享机制   **个人数据共享机制**

图3 个人数据在政府部门及企业间的流通模式

对于在社会和企业流通的个人数据,用户和企业同时在链条上拥有同等地位。所有参与个人数据信息产生、收集、整合和使用的主体都视为链条上的预选节点,所有节点都可以参与访问和交易,只

1 核财经.庞华栋:区块链让数据和价值最大化地回归个人.载搜狐网2018年4月12日,http://www.sohu.com/a/
228018017_100112719。

是在交易过程中,数据的流通都是以政府为每个公民建立的数字身份为依托,如果企业想要获得对个人数据访问的使用,必须征得用户同意,真正做到归还用户的数据所有权。对于以企业和个人达成的联盟链条,仍需要加入政府监管部门,对整个链条上所有交易和过程进行规范,保障系统正常健康运行。相较于公有链的全开放模式,联盟链相对闭合,链条上成员间相互信任,达成全域共识账本,具有较强实用性。同时,区块链的加密技术可以通过"密钥",保障数据在使用和传输过程的安全性、透明性和可追溯性,实现个人数据安全共享的可能性。

运用区块链技术去保护和共享个人数据,可以满足多方参与利益主体的集体诉求。随着更多控制权掌握在个人手中,新的效率和能力就会出现,也将彻底改变现有的数据组成结构。政府从原来最大的收集者和使用者,变成数据的管理者和监督者,在整个社会数据进行交换或交易过程中,起到一个调度、协调和仲裁的角色,对数据共享出现的争议进行处置和裁决,这是政府部门应该在数据管理中承担的责任和权利。对于私营公司来说,出于成本和效率因素考虑,企业希望使用区块链技术规范整个数据市场。这样,数据使用者不用再花费高昂的资本去向数据收集者购买被加工后的个人信息,同时由于数据安全得到保障,用户更愿意分享信息,使数据收集者的企业也可以收集到更多个人数据。这里将不再有靠通过数据倒卖的第三方机构,只能是用户数据的服务商,如果公司想通过访问个人数据提供服务获利,需得到用户同意并支付一定报酬,公司回到单纯靠服务或产品来获得收益。对于个人而言,用户数据权利在自己手中,系统运转带来数据保护的安全感,以及在此过程中还能额外获得企业给予一定报酬,以增加用户分享原动力。因此,基于区块链建立的个人数据分享机制可以达到共赢局面。

(二)立法规制:新系统的合法化

区块链本质上是一种机制和思想,也是一种技术和平台,要充分认识到新技术优势,也要保持理性。基于上文以区块链搭建的个人数据保护系统并非完全万能,仍然存在"谁来管理这个系统?"的问题,它需要国家在立法、安全、标准等方面进一步规制。

对于用户赋权,政府应从立法角度明确个人数据的所有权。近年来包括中国在内的,不同国家制定了适合本国国情的法律制度,完善本国个人数据共享与保护的立法机制。包括《个人信息保护法》《网络安全法》《互联网信息服务管理办法》《居民身份证法》《刑法》《侵权责任法》《消费者权益保护法》等都有关于个人信息保护的相关法律规定,规定了在收集、使用个人信息必须符合合法、正当、必要原则,公民有知情同意原则,并明确了删除权和更正权制度。

基于这一背景对于区块链,我国已经从技术、产业、应用、监管等进行了描述,但尚未形成区块链技术的标准化与统一化。目前,以工信部及其相关附属机构为主导,已经开始尝试完善区块链标准体系,加快推动重点标准研制和应用推广,这对于未来区块链的实际应用至关重要。

(三)监管规制:政府角色的转变

传统监管方式是一种以"中心化"应对中心化的治理哲学。政府作为社会服务最大的提供者,对个人数据具有绝对的所有权和管理权。区块链这种"去中心化"的新组织形式出现后,政府仅需作为管理者出现在系统,但新模式下的管理方如果仅依靠人力去进行,工作量会几何级增长。因此,对于区块链技术而言,用技术监管技术是解决监管难题的关键。[1]政府除了搭建以区块链为基础的个人信

1　参见叶蓁蓁.中国区块链应用发展研究报告(2019).社会科学文献出版社,2019,43.

息共享数据库外，还需加大对区块链应用检索、检测和分析工具的开发和投入，目标是能够做到同步感知信息、及时分析风险。

对于数据库应用，监管机构作为链条上成员也应该上链，获得知情权以及必要的运营权和管理权，对交易链条上的所有信息内容及过程监督和管理。明确用户的信息访问机制，将信息分类、分级，授权不同级别的用户访问权限。最后建立区块链违法行为的线下惩罚机制。区块链的应用在现实世界产生利益侵害，要启动线下责任追溯机制。从根本上实现区块链治理的闭环。

五、结　语

个体留下的分散数据提供了一系列的行为线索。根据这些线索，可以了解社会是如何运作的，人是如何行动的，是什么使我们具有创造性，以及思想、行动、疾病等是如何传播的。个人数据从可观察到应用，具有非常巨大的社会和经济价值。既可以善意为目的，也可能被恶意滥用。因此，保护个人隐私和数据自由对未来社会的成功至关重要。本研究主张对待数据安全与共享问题不能"为保护而保护"，而应"为应用而保护"，区块链技术可以为解决数据安全与共享存在的部分问题，但是区块链技术仍然处于初期阶段，其自身安全问题仍处于动态发展过程中，有待进一步探究。本文创新点在于解释了个人数据保护与共享机制难以建立的原因，并从实际层面，提出建立以区块链为底层技术的多方共识机制，希望为个人数据的安全应用实践给出参考性建议。

会议综述

"智慧城市建设与风险治理的中国方案"
会议综述

袁利平*

摘要： 2018年，"首届上海市大数据社会应用研究会年会"暨"智慧城市建设与风险治理的中国方案论坛"成功举办。研究会的理事、会员们，以及来自沪上和沪外的政府、科研院校、企业等嘉宾360多人与会，围绕"智慧城市建设与风险治理的中国方案""大数据智能与金融创新""人工智能与未来社会趋势""区块链国际贸易新规则""智慧检法大数据应用"5个主题研讨。本次会议推动了智慧城市建设中，运用大数据和人工智能助力风险治理的交流。

关键词： 智慧城市建设；大数据智能；人工智能；区块链

大数据时代正处于由理论研究向社会应用深化的阶段，如何应用大数据技术解决风险社会的综合性、场景性、现实性问题，是挑战亦是机遇。2018年10月19日，上海市大数据社会应用研究会主办"首届上海市大数据社会应用研究会年会"暨"智慧城市建设与风险治理的中国方案论坛"。年会和论坛由上海市北高新（集团）有限公司、上海市北高新股份有限公司、腾讯公司、上海交通大学中国城市治理研究院、复旦大学大数据研究院、华东政法大学人工智能与大数据指数研究院联合承办。

论坛围绕"智慧城市建设与风险治理的中国方案""大数据智能与金融创新""人工智能与未来社会趋势""区块链国际贸易新规则""智慧检法大数据应用"等5个主题展开研讨，重点关注大数据和人工智能领域的理论与应用深度融合，以及如何切实应用落地并对社会产生积极作用。

本次论坛围绕大数据和人工智能领域的理论与应用深度融合，覆盖了近20个一级学科，具有相当融合深度的跨界、跨学科论坛，内容精彩纷呈，亮点多元突出，对构建大数据研发的"产、学、研、用"全链条、寻找发现重大重点研究热点、培育和构建起跨界大数据研发团队等，都起到了较大的推动和助力作用。

* 作者简介：袁利平，上海交通大学智慧法院研究院。

一、智慧城市建设与风险治理的中国方案

"智慧城市建设与风险治理的中国方案"主论坛邀请了国家发改委城市中心综合交通规划院张国华院长、华东师范大学城市与区域科学学院院长杜德斌教授、中国城市治理研究院常务副院长吴建南教授、腾讯云王龙总工程师担任主旨演讲,分别就智慧社会转型架构、建设路径、管理体系、数据创新等方面进行报告。以下摘选张国华院长和王龙副总裁的发言。

(一)智能社会与智慧城市

张国华院长认为,人类社会的历史长河从农业社会到工业社会,未来发展方向无疑将是"智能社会"。从现实社会到智能社会要实现五大跨越,即农业社会转型到城市社会、计划经济跨越到市场经济、从对立性思维跨越到"薛定谔的猫"式复杂性思维、从信息不对称到信息对称、采用创新主导的方式从传统社会跨越到现代社会。智能社会与智慧城市相伴而行。因此,要通过构建城市"超级版图"来实现智慧城市宏图;要通过产业集群与互联网结合,协同交通网与城镇空间结合,实现城镇转型;要通过大数据,助力产业转型升级;要通过交通网与互联网融合,构建智慧城市之路。关于大数据与创新的关系,应该从数据信息、知识、理念、理论、哲学这5个"自上而下"逐一上升的维度进行讨论。大数据的真正价值在于我们以什么创新理念、理论、哲学思维去挖掘背后的新数据,激发数据挖掘的力量。

(二)大数据驱动下的智慧城市

王龙副总裁指出,2018年全球十大技术趋势之一是加快数字孪生,各行各业都在做一项技术,把现在面对面观察到的世界,变成能由数据来表达的世界,并存在"云端"。在此过程中,用以前简单的数据进行预测进行干预的过程变得非常困难。这是因为数据呈现指数级爆炸式增长,导致现在的数据量是7年前的1万倍;数据的种类开始多元化,不仅有文本数据还有语音数据和视频数据。由于城市聚集了越来越多的人口,人类活动也越来越通过数字孪生技术进入云端,进入了信息世界。一旦人类活动进入信息世界,就需要更强的能力和更强的挖掘工具分析与挖掘其中的价值。这使得人工智能、大数据和城市联系在了一起。因此,需要利用数字世界把大量的数据汇集起来,包括计算、存储、识别数据,并按照行业和领域把这些数据进行登记整理,得以构建一个数字生态城市。这些数据汇聚于此,并通过政府的目标驱动,发挥企业动力,以安全方式为非政府领域的社会各行各业创造价值。

二、大数据智能与金融创新

"大数据智能与金融创新"分论坛邀请了上海交通大学中国普惠金融创新中心费方域教授、复旦大学大数据研究院副院长吴力波教授、上海财经大学信息管理与工程学院常务副院长黄海量教授、交通银行总行风险部孙荣俊总工、中国电信上海理想信息产业(集团)有限公司胡忠顺高工、复旦大学大数据学院副研究员魏忠钰、国泰君安证券梅继雄、上海氪信科技创始人朱明杰等专家学者以及一线企业负责人,针对金融创新布局、技术革新、安全管理、应用实践等进行深入研讨。以下摘选了黄海量教授和孙荣俊的发言。

(一)文本挖掘在金融领域的应用与趋势

黄海量教授介绍了文本挖掘在金融领域的主要技术链条,并结合金融领域的案例,生动讲述了通过文本分析将其中的信息转化成知识,充分肯定了文本分析技术在金融领域的发展和重要性。同时,黄教授还分析了文本挖掘技术中针对词、句和人物性格的分析方法,以及在企业上市、新闻事件冲击与公司治理等领域的应用场景与发展前景。

（二）大数据时代的银行经营管理

孙荣俊副总经理从实践角度，总结了银行金融机构推动大数据的运用。他指出："银行热衷于大数据应用既有外部环境因素的影响，也取决于银行内部管理与效率提升的创新诉求。"同时，报告还展示了金融机构在大数据应用领域的最新成果，指出大数据未来应用的关键问题在于创新推动升级、场景全面覆盖、体制机制重塑、培育发展价值等，同时不能忽略人的价值。

本分论坛的演讲嘉宾来自高校、研究机构、传统金融机构、跨领域互联网运营商和创业者群体。每场报告精彩纷呈，引来现场听众积极讨论，充分反映了在大数据技术与场景需求"双向耦合"的推动下，产学研、多领域、跨平台融合的智能大数据金融时代正在到来。人工智能的发展使金融业面临新的考验，各领域应积极展开合作，推动科技金融方面的新突破、新发展。

三、人工智能与未来社会趋势

"人工智能与未来社会趋势"分论坛由华东政法大学人工智能与大数据指数研究院院长高奇琦教授主持。复旦大学哲学学院徐英瑾教授、上海交通大学电子信息与电气工程学院朱其立教授、同济大学电子与信息学院汪镭教授、华为云业务部陶志强、眼神科技上海公司侯念峰、途鸽信息创始人张衡、深觉智能创始人李旸、中航联创党征刚等学者专家，围绕人工智能的社会影响、交叉创新、知识构建、产业商业化、未来发展以及社会伦理等方面深入研讨。参会嘉宾一致认为，人工智能将成为未来社会发展的新引擎，是引领未来的战略性技术，将深刻改变人类社会生活、改变世界。人工智能作为新一轮产业变革的核心驱动力，将进一步释放出巨大的能量，形成从宏观到微观各领域的智能化新需求，实现社会生产力的整体跃升。以下摘选了来自华为云业务部上海总经理陶志强和同济大学电子与信息学院、上海市人工智能学会秘书长汪镭教授的发言。

（一）华为在人工智能领域的探索和实践

陶志强总经理分享了华为在人工智能领域的探索和实践。在他看来，大家已经形成一种共识，人工智能在释放产业潜能方面越来越发挥独特价值，企业对人工智能的利用率会大幅度提升，在产业升级、流程再造、企业数字化转型等方面会发挥更大的价值。同时，他也认同人才是非常核心的要素，人工智能需要行业专家和人工智能的技术专家相结合，这样才能发挥人工智能更大价值。

（二）人工智能的伦理学

汪镭教授探讨了人工智能的伦理学问题。指出随着人工智能的深入，将会面临越来越多、越来越具体的问题，人工智能的伦理问题是不可能百分之百解决的，需要考虑社会伦理困境中间的价值对接、价值引导和价值参与。人工智能伦理研究不仅要考虑机器技术的高速发展，更要考虑交互主体－人类的思维与认知方式，让机器与人类各司其职，互相促进，这才是人工智能伦理研究的前景与趋势。

本分论坛提出人工智能将成为未来社会发展的新引擎，是引领未来的战略性技术，将深刻改变人类社会生活、改变世界。人工智能作为新一轮产业变革的核心驱动力，将进一步释放出巨大的能量，形成从宏观到微观各领域的智能化新需求，实现社会生产力的整体跃升。

四、区块链国际贸易新规则

"区块链国际贸易新规则"分论坛由上海对外经贸大学人工智能与变革管理研究院院长齐佳音

教授主持。邀请了上海国际贸易中心战略研究院执行院长姚为群教授、上海对外经贸大学国际经贸学院裴琪教授、北京磁云唐泉金服科技李发强、持云区块链万家乐、阿乐乐可国际贸易周荪、链极科技赵增奎等专家,从区块链理论、创新、应用、案例等方面展开讨论,形成共识。提出区块链将重构国际贸易体系,我国应该充分认识区块链破坏性创新所带来的历史性机遇。以下摘选了姚为群教授和李发强先生的发言。

(一)全球价值链的国际贸易数字化趋势

姚为群教授从价值链角度介绍了国际贸易数字化未来发展趋势和方向。姚教授指出,全球价值链已成为经济全球化的基本成果,是当今世界经济的显著特征。要提升中国参与国际贸易治理的水平,要立足中国在全球价值链中的位置,对照国际最高标准,通过"一带一路"倡议、世贸组织改革中国方案、自由贸易区战略、自由贸易实验区实践和自由贸易港建设探索,以更大的开放促进更深的改革。在这一领域,数字化将扮演极为重要的角色。

(二)区块链在人民币跨行调款中的应用

李发强先生指出,"区块链在人民币跨行调款中的应用"是国内首个区块链成功落地项目,获得工信部2017年可信区块链金融类最佳应用案例第1名。他提出,可以用区块链建立一个共享账本,来解决国际贸易应用的问题,比如,报关单等一系列必备的数据都可上链共享。跨行调款产品极大提升了人民银行和商业银行对现钞流转的管理效率,同时也充分利用区块链的技术创新优势,保障了金融数据安全。

本论坛提出区块链将重构国际贸易体系,我国应该充分认识区块链破坏性创新所带来的历史性机遇。区块链新国际贸易规则涉及技术、金融、贸易、经济学、法学等多学科多领域,需要政府部门、企业家、学术界协同作战,共同推动我国国际贸易理论研究创新,为国家战略提供思想和方法论支持。

五、智慧检法大数据应用

"智慧检法大数据应用"分论坛由腾讯主办,以上海市大数据社会应用研究会、上海市法学会、上海交通大学中国城市治理研究院、浙江清华长三角研究院作为联合指导机构。上海市法学会党组副书记、专职副会长施伟东,江苏省人民检察院党组副书记、副检察长、一级高级检察官王方林,腾讯云政务民生朱劲松和罗朝亮等专家就人工智能与司法现代化、科技赋能司法做了分享。最高人民检察院信息技术中心高级工程师金鸿浩,最高人民法院信息中心系统研发处副处长祝文明,公安部第三研究所网络安全法律研究中心主任黄道丽,上海市高级人民法院信息技术处处长曹红星,上海市第一中级人民法院刑二庭副庭长、最高人民法院任素贤法官,江苏省苏州市中级人民法院办公室副主任熊一森,江西省高级人民法院技术处李建华,上海交通大学人工智能研究院教授、国家重点研发计划(原973计划)首席科学家金耀辉教授,腾讯网络安全与犯罪研究基地高级研究员肖薇,腾讯云高级架构师崔利生,腾讯政务舆情部总监邓晨曦,上海市大数据社会应用研究会理事宋兵等业内专家,共同围绕"司改综合配套大数据应用的实际需求侧和数据产业侧"主题深入交流。以下摘选了来自上海市法学会施伟东副会长和腾讯公司安全管理部总经理朱劲松的发言。

(一)人工智能与司法现代化

施伟东副会长强调,面对人工智能时代的到来,司法一方面要抓住机遇,跟上时代的步伐,主动作为,准确把握司法规律与人工智能特征的结合,积极拓展司法应用的空间,使人工智能更好地服务司法,推进司法本身现代化的实现;另一方面还要针对人工智能在法律、安全、就业、道德伦理和政府治理等方面提出的新课题,加强人工智能发展与法治的前瞻性研究,积极构建人工智能未来法治体系,用法治保障人工智能健康持续发展,为人工智能国家战略的实施提供法治保障。

（二）腾讯在法院系统和检察院系统推进互联网+的工作情况

朱劲松总经理在论坛中展示了腾讯如何将大数据服务于企业的基本立场,基本主张是"一个目标、三个角色、五个领域、七种工具"。其中,"一个目标"是指腾讯要成为各行各业的"数字化助手",助力各行各业实现数字化转型升级;"三个角色"指腾讯要专注做三件事:做连接、做工具和做生态;"五个领域"是数字中国在民生政务、生活消费、生产服务、生命健康和生态环保5个领域的扩展和推进,腾讯希望助力"五生"的数字化转型升级;"七种工具"包括:公众号,小程序,移动支付,社交广告,企业微信,云计算、大数据与人工智能,以及安全能力等数字化工具。

本次论坛深度讨论了检法智能化建设人工智能的发展应用与法治保障问题,并提出不断创新检法机关工作运行机制、改进工作管理、为检察官与法官工作减负,探索出更多的基于云计算、大数据、人工智能技术的"互联网+检法"新模式。

上海市大数据社会应用研究会于2018年9月正式成立。研究会现有会员162名,会员的平均年龄不到40岁,涵盖政治学、经济学、法学、数学、统计学、计算机科学、心理学、历史学、哲学、管理学、社会学、地理学、建筑学、城市规划学、电子工程等近20个不同专业领域。本次论坛的成功举办,运用了众包、众筹及众创的"互联网+"方式创新发展的理念,充分体现了研究会成员与各界合作伙伴群策群力。今后,上海市大数据社会应用研究会将继续聚焦前沿热点问题,努力发展高端智库,力争建设成为大数据社会应用领域的高水平跨界平台与跨学科研究联盟。

"智慧城市建设与社会治理创新论坛"会议综述

钱浩祺[*]

摘要:"第二届上海市大数据社会应用研究会年会"暨"智慧城市建设与社会治理创新论坛"成功举办。研究会的理事、会员们,来自沪上和沪外的政府、科研院校、企业等各界嘉宾及友人近400人与会,围绕"智慧城市建设与社会治理创新"主论坛,以及"联合创新实验室专题论坛""大数据视角下的创新与运用""数字货币与贸易数字化""第一届大数据社会应用青年学者论坛""司法大数据的'场景式、全链条'深度融合创新"5个分论坛展开研讨。本次会议推动了智慧城市建设中,运用大数据和人工智能助力风险治理的深度交流。

关键词:智慧城市;社会治理;数字货币;创新

近年来,各地建设智慧城市推动社会管理创新的过程,主要体现为:强化"智慧城市"建设顶层设计、加强社会管理信息资源整合、创新社会管理模式、提高社会管理智慧系统应用水平、推进社会管理精细化、鼓励智慧城市建设多元参与,以及促进社会管理协同创新等。这些具体做法促使智慧城市建设在社会管理创新过程中能够真正发挥和体现出应有作用和价值。

2019年12月7日,由中共上海市委宣传部、上海市社会科学界联合会、上海市经济和信息化委员会联合指导,上海市大数据社会应用研究会主办,上海交大慧谷信息产业股份有限公司、吉林省联宇合达科技有限公司、上海理想信息产业(集团)有限公司、上海宝纪电子有限公司、上海交通大学中国城市治理研究院、上海财经大学国家大学科技园等协办,复旦大学经济学院、复旦大学大数据研究院、上海交通大学中国法与社会研究院、上海财经大学长三角与长江经济带发展研究院、华东政法大学人工智能与大数据指数研究院、上海对外经贸大学人工智能与变革管理研究院承办的"第二届上海市大数据社会应用研究会年会"暨"智慧城市建设与社会治理创新论坛"在复旦大学经济学院举办。本次论坛得到了政府相关部门及社会各界的大力支持。中共上海市委宣传部副部长徐炯,上海市社会科学界联合会党组书记、专职副主席权衡,上海市经济和信息化委员会副主任张英,上海市大

---

* 作者简介:钱浩祺,复旦大学全球公共政策研究院。

数据中心副主任朱俊伟,复旦大学副校长陈志敏教授出席会议并致辞。来自全国各地的青年学者代表和企业代表,上海市大数据联合创新实验室医疗、交通、能源、旅游及金融等领域代表,以及复旦大学、上海交通大学、上海财经大学、上海对外经贸大学、华东政法大学、华东理工大学、上海师范大学、上海大学及华东师范大学的部分师生代表共近400人与会。

本次论坛围绕"智慧城市建设与社会治理创新"主论坛和"上海大数据联合创新实验室主题论坛""大数据视角下的创新与运用""数字货币与贸易数字化""第一届大数据社会应用青年学者论坛""司法大数据的"场景式、全链条"深度融合创新"5个分论坛展开讨论。

一、智慧城市建设与社会治理创新论坛

"智慧城市建设与社会治理创新"主论坛由上海市大数据社会应用研究会副会长,复旦大学大数据研究院副院长吴力波教授,上海市大数据社会应用研究会副会长,上海对外经贸大学人工智能与变革管理研究院院长齐佳音教授,上海大数据联盟常务副秘书长,上海市北高新股份有限公司副总经理马慧民分别主持。上海市大数据社会应用研究会会长,上海交通大学中国法与社会研究院副院长杨力教授,复旦大学管理学院信息管理与信息系统系教授,大数据流通与交易技术国家工程实验室常务副主任黄丽华女士,香港城市大学终身副教授张晓玲女士、上海申康医院发展中心医联中心主任,上海大数据联合创新实验室(医疗领域)代表何萍女士,上海理想信息产业(集团)有限公司总经理陆晋军先生,上海梯之星信息科技有限公司、浙江新再灵科技股份有限公司研发中心副总及上海研究院院长郑超先生分别就智慧城市建设顶层设计、公共数据服务平台构建、智慧城市建设实践与应用等方面进行了深入交流。以下摘选了来自杨力教授和陆晋军先生的发言。

(一)新型、开源、规模化的社会科学数据公共服务平台构建

杨力教授首先总结了现有上海市乃至全社会数据共享应用的主要问题,提出引发问题的主要原因是社科数据资源割裂和合作共享制度不足,导致缺乏有效的社科数据管理工具和互联共享机制。因此,有必要从技术和制度两个方面驱动数据共享的精细化管理和各方权责分配、利益均衡和信任共享,建设具有中国特色的数据共享中心,解决现有数据共享少、采集难、关联差和不安全等问题。

(二)运营商智慧城市建设服务——思考与实践

陆晋军先生认为新型智慧城市的核心是以"5G+物联网"的互联基础,以"平台+大数据"为策略的城市开放信息平台,能够全面感知城市运转的城市智能运行智慧中心,以及完善的网络空间安全体系。电信集成人工智能能力,提供全流程多重等级保障,运用创新技术手段保障数据在安全前提下流通、开放、共享。同时提出,使用电信数据进行智慧城市建设服务实践,包括美丽家园建设、智慧商圈、智慧园区、政务数据资源治理、政务热线分析、智慧公检法和智慧统计等7个方面,并对具体的场景应用进行了说明。

会议最后,吴力波教授和齐佳音教授为"第一届大数据社会应用青年学者论坛"优秀论文获得者进行颁奖。

二、上海大数据联合创新实验室主题论坛

"上海大数据联合创新实验室主题"分论坛由上海大数据应用创新中心主任卢勇先生主持。上海市经信委信息化推进处处长裘薇女士,上海大数据应用创新中心主任卢勇先生,上海大数据联合

创新实验室的代表,复旦大学朱扬勇教授、唐世平教授,华东理工大学过弋教授以及其他来自学界和业界的学者和专家们,听取了4位来自上海大数据联合创新实验室的代表分别就交通领域、能源领域、旅游领域和金融领域的数字创新实验室建设情况。以下摘选了来自顾承华先生和吴力波教授的发言。

（一）上海市大数据联合创新实验室（交通领域）

顾承华副主任代表上海市大数据联合创新实验室（交通领域）进行了汇报,表明目前实验室已完成实时交通数据和道路环境监测数据融合,可实现跨行业在线数据共享应用。通过建设徐汇区、静安区和黄浦区的交通信息综合管理平台,已完成跨部门多源交通数据的共享应用;通过与四维、高德公司高速路网交通数据对接,实现了长三角高速路网交通状态自动发布的目标。此外,实验室对道路交通数据、公共交通数据进行了整理,并组织举办了首届大学生交通数据建模大赛。在最后的展望中还表示未来将加大交通数据与相关领域数据共享和对接,凸显实验室在智能交通领域最新技术研发和应用的引领作用。

（二）上海市大数据联合创新实验室（金融领域）

吴力波教授代表上海市大数据联合创新实验室（金融领域）进行了汇报。吴力波教授表示,金融大数据实验室的目标是为了解决金融市场内数据持有者所面临到的数据安全共享机制缺失、数据智能开发不足、合规成本偏高的困境。实验室针对这些痛点、难点已建成了金融数据沙箱平台,汇聚了大量金融交易、金融资讯、社交网络和电信等数据。在应用场景方面,吴力波教授强调,实验室已使用社交网络数据完成金融微博舆情分析,通过构建大数据金融风控模型,辅助P2P平台的预警和个人及企业信贷风险评估。此外,实验室还利用新闻媒体数据构建宏观经济政策不确定性指数,改善对GDP增速预测。在未来实验室的发展中,吴力波教授表示将完善金融行业数据沙箱系统和金融行业数据共享标准,添加区块链架构和数据安全保障技术,从而进一步拓展金融行业应用场景。

在最后进行的氛围融洽的圆桌会议讨论中,大家就"社会个体行为特征的挖掘、数据安全、数据资产、数据开放等问题"和"数据共享存在的问题和障碍方面,即在国家明确一系列技术标准的前提下,数据共享当前还存在什么壁垒?"展开讨论,在问答环节中嘉宾和场下观众就数字资产化等问题进行了深入交流。

三、大数据视角下的创新与运用

"大数据视角下的创新与运用"分论坛由上海市大数据社会应用研究会城市经济大数据应用研究专业委员会秘书长、上海师范大学副教授和商业数据系系主任朱敏副教授主持。邀请了上海市大数据社会应用研究会城市经济大数据应用研究专业委员会主任,上海师范大学教授、商学院副院长刘江会教授,上海华鑫股份有限公司信息技术部数据产品经理李少华,上海市大数据社会应用研究会城市经济大数据应用研究专业委员会副主任、上海大学副教授、私募云通董事长巫景飞,上海市大数据社会应用研究会城市经济大数据应用研究专业委员会副主任、华东师范大学教授、上海数萃大数据学院院长、觉云科技首席科学家汤银才教授,德勤数智研究院总监王晨等来自学术界、金融和房地产业的专家参与论坛并发表演讲。以下摘选了来自汤银才教授和朱敏副教授的发言。

（一）基于跨国公司机构空间分布数据的测度

汤银才教授从理论角度对比剖析统计和数据科学的异同。他指出数据科学与统计息息相关,数据科学可以看作统计的扩展和延伸,前者对数据的计算力要求更强。相对于传统统计学,数据科学的数据算法要提升,数据的采集方式要改变,数据维度则更高。例如,深度学习是多种线性算法的叠加形成非线性算法。对数据驱动的算法,高性能、高稳定性是最为重要的。如今,人类依然处于弱人工智能阶段,未来发展潜力巨大。

（二）基于用户网络查询行为数据的中国城市吸引力分析

朱敏副教授指出,在中国城市吸引力的评估方面,由于人口流动是主观意愿,不是单纯的城市竞争力,因此有必要基于大数据从省份协同度、强度、密度、广度4个方面综合评判一个城市的特征。基于城市吸引力评估结果,他分析比较了长三角和珠三角城市群,以及北上广深等经典城市的四维吸引力。

各位嘉宾结束精彩的演讲后与现场听众展开了热烈的互动问答环节,交流了大数据在金融、房地产、城市影响力评估等方面的创新应用现状与前景。

四、数字货币与贸易数字化

"数字货币与贸易数字化"分论坛由上海市大数据社会应用研究会副会长、上海对外经贸大学人工智能与变革管理研究院院长齐佳音教授主持。邀请了国家互联网金融安全技术专家委员会秘书长、工信部互联网安全技术重点实验室主任吴震,上海美华系统有限公司董事长、上海国际贸易学会副会长罗贵华,上海对外经贸大学教授冯小兵等8名学术界、产业界专家以及2名上海对外经贸大学区块链协会本科生进行了深入交流。以下摘选了陆昱谦先生的发言。

（一）数字化与智能化重构国际贸易生态

罗贵华董事长以"口岸信息化"工作为例,指出数字化和智能化既是国家发展的需求,也是市场发展的需求。技术进步将重构国际贸易中的生产关系和价值链,国际贸易的未来将进一步扩大开放,这必然促进政府职能转变和管理方式创新,形成与国际通行规则充分衔接的制度框架,营造国际化、法治化、市场化的营商环境,实现"我之所需"与"外之所求"的包容与平衡。我国也将成为数字化和智能化的典范,由国际经贸规则的"被动接受者"变为"主动参与者"。

（二）区块链赋能知识产权交易

陆昱谦副总裁从技术发展的趋势谈区块链的发展路程,以共识协作、密码学、区块数据、分布网络四个核心要素和信任、分布式、公共账本三个重要特征出发,诠释了区块链为何能够解决信任问题。陆昱谦副总裁还介绍了公司区块链技术团队在数字化产权领域的应用与积累,从技术的角度出发分析区块链技术在产业中的应用情况。

最后,齐佳音教授作出总结,认为数字货币与贸易数字化研究涉及技术、金融、贸易及法学多学科多领域,需要政府部门、企业家、学术界紧密合作,并希望以此次论坛为契机,共同推动研究创新,为国家战略提供思想和方法论支持。

五、2019年第一届大数据社会应用青年学者论坛

"第一届大数据社会应用青年学者"分论坛筹备委员会在前期进行了精心准备,收到来自各合作高校、研究单位与社会的多篇文章或报告,经由专家评审委员会严格的双向匿名盲审,评选出最佳论文奖1名与优秀论文奖2名,并于主论坛上进行了颁奖活动。筹备委员会从中遴选出9组参加了此

次青年学者论坛,会议采取"汇报＋点评"的标准方式,由后一位报告人点评前位报告人的研究工作。本次论坛由上海市大数据社会应用研究会会员、华东政法大学政治学研究院助理研究员朱剑老师主持。上海交通大学凯原法学院博士研究生衣俊霖、上海明庭律师事务所姜斯勇律师、华东政法大学政治学与公共管理学院博士研究生周荣超、南开大学周恩来管理学院博士研究生冯小凡、上海铁路运输法院法官助理靳先德、上海财经大学城市与区域科学学院博士研究生杨羊、上海社会科学院政治与公共管理研究所薛泽林、上海复旦大学经济学院博士研究生徐少丹、华侨大学统计学院统计学硕士研究生胡龙超分别就自己的研究进行报告。以下摘选了博士研究生周荣超和杨羊的发言。

（一）论文题目:《技术赋权与政府监管:人工智能时代社会治理新方式的探微》

周荣超认为,在人工智能发展的不同时代,产业结构和就业结构等将发生较大变化,需要政府发挥有效的监管作用。在监管过程中,需要明确政府的边界与范围,形成"技术—个人—社会—国家"的良好互动关系,有效结合技术优势与人的能动积极性,借助人工智能的"善治"来实现智能社会人们对美好生活向往的"善智"。

（二）论文题目:《城市空间形态的生产率效应——基于土地利用遥感大数据的实证研究》

杨羊研究发现,紧凑的城市空间形态更加有利于企业生产率提升。以距离计算的城市平均出行成本每提升1%,企业生产率水平降低约0.063%,这一发现获得了一系列的稳健性检验。同时在机制分析上,杨羊同学发现,城市空间形态能够通过影响区域内部的要素流动水平以及集聚经济效应的发挥影响企业生产率水平。他指出:"在经济由高速增长转向高质量发展的新阶段,应合理规划城市空间形态,引导城市有序扩张,杜绝城市空间形态过于分散。"

高奇琦教授就各项报告进行了总结,同时向各位青年学者和与会人员提出了寄望。高教授认为,针对现有的大数据交叉研究现状,首先需切记不要因大数据而大数据,须以问题为中心,回到人和人的研究中,明确问题并分析大数据是否比传统方法更有优势。其次,人类的意义发端于小数据,人类从小量数据中发挥想象力并构建思路,而机器的思路则是从大量数据中进行推断,需辩证看待方法论的区别。最后,要以实践为导向,理论为依托,回到时代赋予我们的命题,不可完全从数据出发,从更高的视角发现问题,解决问题,不做"数据拷问"。

六、司法大数据场景式、全链条深度融合创新研讨会

"司法大数据场景式、全链条深度融合创新"分论坛由上海市大数据社会应用研究会会长、上海交通大学中国法与社会研究院副院长杨力教授主持。上海市高级人民法院副院长林立、上海交通大学中国法与社会研究院院长季卫东教授、上海市第二中级人民法院院长兼上海司法智库理事长郭伟清分别致辞。会议邀请最高人民法院信息中心研发人负责人刘海燕、贵州省高级人民法院专委张德昌、江西省高级人民法院信息技术处处长匡华,以及上海市高级人民法院研究室主任顾全、执行局局长鲍慧民、信息技术处处长曹红星作主题演讲或担任主持人、点评人,围绕"普惠金融大数据深度融合的赋强公证文书法院执行模型"、"司法对外委托机构的动态信誉评估模型和融合型大数据平台建设"和"法院智慧诉讼服务大数据和平台界面设计的前沿研究与场景应用"三个主题展开。以下是三个主题的讨论内容。

主题一:普惠金融大数据深度融合的赋强公证文书法院执行模型

来自上海银行、新虹桥公证处、翰迪数据服务有限公司、闵行区人民法院执行局的上海业内专家,

分别从普惠金融的业务痛点、基于区块链的赋强公证模型架构、互联互通的数据来源、差异性的数据平台和接口标准，以及法院精细化执行的深度场景应用等视角，针对通过技术手段发展赋强公证文书的全链条进行了精彩分享。

主题二：司法对外委托机构的动态信誉评估模型和融合型大数据平台建设

上海交通大学人工智能研究院和凯原法学院、上海市高级人民法院、全国房地评估协会的专家学者，以"拍辅通""房评通""司鉴通"的端口式数据动态归集系统研发为切入点，针对拍卖系统、房地评估系统、司法鉴定系统的多维异质数据融合和挖掘，以及全方位、动态性、场景化的机构精准推荐系统研发进行了深入研讨，全面展示了司法对外委托机构动态信誉评估模型架构、偏离分析的理论前沿。

主题三：法院智慧诉讼服务大数据和平台界面设计的前沿研究与场景应用

贵州省高级人民法院、江西省高级人民法院分享了法院智慧诉讼服务建设的业务需求与技术要求。同时，来自交通大学慧谷信息股份有限公司与南京铉盈科技有限公司的技术专家从已有技术与平台搭建的视角分享了法院诉讼服务中心的建设方案。

本次分论坛同时得到了国家社科基金重大项目"大数据与审判体系和审判能力现代化研究"、国家社科基金重大专项"司法体制综合配重改革研究"和国家重点研发计划课题"研究面向多要素数据综合分析的司法委托机构信誉动态评价及推荐技术"的联合资助，论坛成果也将分别纳入国家社科基金重大项目和重大专项、"两高一部"国家重点研发计划，以及上海司法智库的阶段性研发成果。